高职高专电气电子类系列教材

电气控制与检修

陈 斗 主 编

付 伟 邓景新 伍 丰 副主编

化学工业出版社

·北京·

内容简介

本书按照高等职业教育教学和改革要求，满足电类专业学生在工业生产中应掌握的知识要求和技能要求，是为适应"过程导向、任务驱动"的需要而编写的理论实践一体化教材。

全书共分7个项目25个任务，内容包括使用常用电工工具和电工仪表、使用与检修常用低压电器、安装与检修三相异步电动机直接启动控制线路、安装与检修三相异步电动机降压启动控制线路、安装与检修三相笼型异步电动机制动控制线路、安装与检修典型生产机械设备电气控制线路、分析典型电机的工作原理与特性等。每个项目设有学习目标，包括若干个任务，每个任务包含任务分析、相关知识、任务实施、任务考核、思考与练习等部分，部分项目后设有思政小故事作为拓展阅读。本书在内容安排上按由浅入深、由易到难的顺序进行，每个项目自成一个系统。本书通俗易懂、阐述简练，融入了结合实际的举例、实训、应用等实用知识，配有大量的实物图解和图表，既有利于教师讲解，也有利于读者自学。本书配套有二维码教学视频（扫二维码查看）、电子课件和习题参考答案（登录化工教育网站免费下载）。

本书主要作为高职高专电气自动化技术、城市轨道交通供配电技术、城市轨道交通机电技术、铁道供电技术、机电一体化、工业机器人、生产过程自动化等相关专业的教材，也可作为中职中专、技校的电气类、机电类及相关专业的教材，亦可作为函授教材和工程技术人员参考用书，还可作为企业电工培训部门、职业技能鉴定机构、再就业转岗培训、电工培训机构等的参考用书。

图书在版编目（CIP）数据

电气控制与检修 / 陈斗主编； 付伟，邓景新，伍丰副主编 . -- 北京：化学工业出版社，2025. 7 . -- （高职高专电气电子类系列教材）. -- ISBN 978-7-122-48117-7

Ⅰ. TM921.5

中国国家版本馆 CIP 数据核字第 2025ZM4028 号

责任编辑：葛瑞祎 文字编辑：袁玉玉 袁 宁
责任校对：李雨晴 装帧设计：刘丽华

出版发行：化学工业出版社（北京市东城区青年湖南街 13 号 邮政编码 100011）
印   装：北京云浩印刷有限责任公司
787mm×1092mm 1/16 印张 13 字数 318 千字 2025 年 9 月北京第 1 版第 1 次印刷

购书咨询：010-64518888 售后服务：010-64518899
网   址：http://www.cip.com.cn
凡购买本书，如有缺损质量问题，本社销售中心负责调换。

定   价：42.00 元 版权所有 违者必究

本书按照高等职业教育教学和改革要求，满足电类专业学生在工业生产中应掌握的知识要求和技能要求，是为适应"过程导向、任务驱动"的需要而编写的理论实践一体化教材。

全书共分 7 个项目 25 个任务，内容包括使用常用电工工具和电工仪表、使用与检修常用低压电器、安装与检修三相异步电动机直接启动控制线路、安装与检修三相异步电动机降压启动控制线路、安装与检修三相笼型异步电动机制动控制线路、安装与检修典型生产机械设备电气控制线路、分析典型电机的工作原理与特性等。每个项目都有学习目标和思政小故事，包括若干个任务，每个任务包含任务分析、相关知识、任务实施、任务考核、思考与练习等部分。本书在内容安排上按由浅入深、由易到难的顺序进行，每个项目自成一个系统。本书通俗易懂、阐述简练，融入了结合实际的举例、实训、应用等实用知识，配有大量的实物图解和图表，既有利于教师讲解，也有利于读者自学。

本书编者理论水平较高、教学经验丰富、实践能力强，力求使读者通过学习掌握设备电气控制与检修的技术与技能，培养其综合职业能力，并有助于读者通过相关升学考试和维修电工职业资格证书考试。

本书力求在内容、结构等方面有大的创新，并克服以往同类书籍中的不足，力争更科学、简洁、实用。在本书编写过程中，我们着力体现以下特色。

① **实现"教、学、做"一体化教学法，采用任务驱动体系，贯穿"分析、知识、实施、考核"教学四步法。** 本书以教育部推行的基于工作过程系统化的高职高专教学改革精神为指导，以能力本位教育为指引，以培养技术应用能力为主线，借鉴了德国职业教育理念，融入了新加坡职业教育思想，本着"工学结合、行动导向、任务驱动、学生主体"的项目开发思路，贯穿"分析、知识、实施、考核"教学四步法，更加贴近职业教育的特点。本书注重教学过程的实践性、开放性、职业性和可操作性，将知识、技能和素质教育融入教材中，实现"教、学、做"一体化教学法，采用基于工作过程系统化的任务驱动体系，以完成一个个工作任务为主线，完全以任务的实施过程来组织内容。任务的组织与安排根据认知规律由易到难，使学生通过任务的实施，完成由实践到理论再到实践的学习过程。

② **体现职业教育的特色，注重实际应用、时代性、创新意识。** 以就业为导向、以适应社会需求为目标，针对课程涉及的职业岗位及其涵盖的职业工种，结合职业资格证书考试内容选取教材内容，坚持以国家职业技能标准为依据，紧扣国家职业技能鉴定规范进行编写。紧密联系工程实际，突出理论知识的实用性，使学生能学到新颖的、实用的知识，有利于培养学生的实践能力和创新能力。思考与练习中有与岗位贴近、与实际结合的习题，以加强读

者实际应用能力的训练。为体现时代特征，删去老旧的知识点，尽量多介绍技术领域的有关新知识和新技术，全书的图形符号和文字符号均采用最新国家标准。

③ **简明易学、通俗易懂。**以"必需、够用"为度，根据教学特点，精简教学内容，突出重点。立足于学生角度编写教材，让学生"易于学"。本书中的许多内容都是各位教师在平时教学中所积累的，在内容的表述上尽可能避免使用生硬的论述，而是力争深入浅出、通俗易懂，有图片、实物照片，层次分明、条理清晰、循序渐进、结构合理，使学生在学习的过程中不至于产生厌烦心理，从而提高学习的兴趣。

④ **融入思政元素，润物无声，育人无痕。**部分项目中设有思政小故事（扫二维码可阅读），每个任务中都有机融入了素质目标，通过拓展阅读潜移默化地影响学生。

⑤ **配套立体化教学资源。**本书配套有二维码教学视频，扫码即可查看，随扫随学。每个项目都有电子课件。

本书由湖南铁路科技职业技术学院的陈斗担任主编，负责全书内容的组织、统稿、定稿；湖南化工职业技术学院的付伟，湖南铁路科技职业技术学院的邓景新、伍丰担任副主编，湖南铁路科技职业技术学院的李玲、韩雪、毛远斌参与了部分内容的编写。具体编写分工如下：项目1由邓景新编写，项目2由付伟、陈斗编写，项目3由陈斗编写，项目4由韩雪编写，项目5由伍丰编写，项目6由李玲编写，项目7由毛远斌编写。

由于编者水平有限，编写时间仓促，书中难免有疏漏和不足之处，殷切希望广大读者批评指正，以便修订时改进，并致谢意！

编者

目录

项目 3　安装与检修三相异步电动机直接启动控制线路 / 075

项目 4　安装与检修三相异步电动机降压启动控制线路 / 123

项目 5 安装与检修三相笼型异步电动机制动控制线路 / 141

项目 6 安装与检修典型生产机械设备电气控制线路 / 155

项目 7 分析典型电机的工作原理与特性 / 182

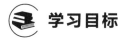

项目1

使用常用电工工具和电工仪表

学习目标

【知识目标】

① 了解常用电工工具的作用、基本结构特点，掌握常用电工工具的使用方法。

② 了解常用电工仪表的作用与分类、基本结构组成、主要技术参数、主要技术指标，掌握常用电工仪表的使用方法。

【技能目标】

① 能识别并正确使用常用的电工工具。

② 能识别并正确使用常用的电工仪表。

【素质目标】

① 培养爱岗敬业、精益求精、一丝不苟、淡泊名利的工匠精神。

② 遵守规则，进行安全文明生产。

 ## 任务 1.1　使用常用电工工具

1.1.1　任务分析

电工工具在电气线路的连接和维护中被广泛使用，正确使用常用的电工工具就显得非常重要。

在使用常用电工工具时，需要遵循一定的任务分析步骤，以确保安全、高效地完成任务。本节的任务是学习常用电工材料、试电笔、尖嘴钳、剥线钳等的相关知识，并能正确使用工具。使用常用电工工具时，安全是首要考虑的因素。通过了解工具的使用方法和注意事项，可以有效地提高工作效率，同时保证操作安全。

1.1.2　相关知识

1.1.2.1　常用电工材料的知识

常用电工材料分为导电材料、导磁材料和绝缘材料。

（1）常用导电材料

铜和铝是目前最常用的导电材料。若按导电材料制成线材（电线或电缆）和使用特点分，导线又有裸线、绝缘电线、电磁线、通信电缆线等。

① 裸线。

特点：只有导线部分，没有绝缘层和保护层。

分类：按其形状和结构分，导线有单线、绞合线、特殊导线等几种。单线主要作为各种电线电缆的线芯，绞合线主要用于电气设备的连接等。

② 绝缘电线。

特点：不仅有导线部分，而且还有绝缘层。

分类：按其线芯使用要求分，有硬型、软型、特软型和移动型等几种。

绝缘电线主要用于各电力电缆、控制信号电缆、电气设备安装连线和照明敷设等。

③ 电磁线。电磁线是一种涂有绝缘漆或包缠纤维的导线，主要用于电动机、变压器、电气设备及电工仪表等，作为绕组或线圈。

④ 通信电缆线。通信电缆线包括电信系统的各种电缆、电话线和广播线。

⑤ 电热材料。电热材料用于制造各种电阻加热设备中的发热元件，其电阻系数高，加工性能好，有足够的机械强度和良好的抗氧化能力，能长期处于高温状态下工作。常用的有镍铬合金、铁铬铝合金等。

（2）常用导磁材料

导磁材料按其特性不同，一般分为软磁材料和硬磁材料两大类。

① 软磁材料。软磁材料一般指电工用纯铁、硅钢板等，主要用于变压器、扼流圈，以及在继电器和电动机中作为铁芯导磁体。电工用纯铁为 DT 系列。

② 硬磁材料。硬磁材料的特点是在磁场作用下达到磁饱和状态后，即使去掉磁场还能较长时间地保持强而稳定的磁性。硬磁材料主要用来制造磁电式仪表的磁钢、永磁电动机的磁极铁芯等。硬磁材料可分为各向同性系列、热处理各向异性系列、定向结晶各向异性系列等三大系列。

（3）常用绝缘材料

① 绝缘漆：有浸渍漆、漆包线漆、覆盖漆、硅钢片漆、防电晕漆等。

② 绝缘胶：与无溶胶相似，用于浇注电缆接头、套管、20kV 以下电流互感器、10kV 以下电压互感器。

③ 绝缘油：分为矿物油和合成油，主要用于电力变压器、高压电缆、油浸纸电容器中，以提高这些设备的绝缘能力。

④ 绝缘制品：有绝缘纤维制品、浸渍纤维制品、电工层压制品、绝缘薄膜及其制品等。

1.1.2.2 常用电工工具的基础知识

(1) 常用电工工具的类别

常用电工工具有试电笔、电工刀、螺钉旋具（又称螺丝刀、起子、改锥）、钢丝钳、尖嘴钳、斜口钳、剥线钳等。

(2) 常用电工工具的使用方法

① 试电笔的使用。试电笔是方便实用的验电设备，它可以便捷地检验出设备或线路是否有电。

使用时，人体必须触及笔尾的金属部分，并使氖管小窗背光且朝向自己，以便观测氖管的亮暗程度，同时也可以防止光线太强造成的误判断。试电笔的握法见图 1.1.1。当用电笔测试带电体时，电流经带电体、电笔、人体及大地形成通电回路，只要带电体与大地之间的电位差超过 60V 时，电笔中的氖管就会发光。低压验电器检测的电压范围为 60～500V。

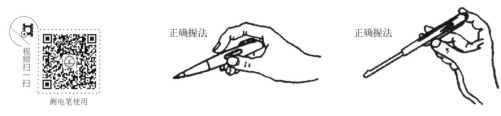

视频扫一扫

测电笔使用

图 1.1.1 试电笔的握法

注意事项：

a. 使用前，必须在有电源处对验电器进行测试，以证明该验电器确实良好，方可使用。

b. 验电时，应使验电器逐渐靠近被测物体，直至氖管发亮，不可直接接触被测体，手指必须触及笔尾的金属体，否则带电体也会误判为非带电体，要防止手指触及笔尖的金属部分而造成触电事故。

② 电工刀的使用。电工刀（图 1.1.2）主要用于电线电缆的剖削。

图 1.1.2 电工刀

在使用电工刀时，不得用于带电作业，以免触电；应将刀口朝外剖削，并注意避免伤及手指；剖削导线绝缘层时，应使刀面与导线呈较小的锐角，以免割坏导线；使用完毕后，应随即将刀身折进刀柄。

③ 螺丝刀的使用。螺丝刀是电工最常用的基本工具之一，用来拆卸、紧固螺钉。螺丝刀主要有一字型［负号，见图 1.1.3(a)］和十字型［正号，见图 1.1.3(b)］两种。常见的还有六角螺丝刀，包括内六角和外六角两种。

当螺丝刀较大时，除大拇指、食指和中指要夹住握柄外，手掌还要顶住柄的末端以防旋转时滑脱。当螺丝刀较小时，用大拇指和中指夹住握柄，同时用食指顶住柄的末端用力旋

(a)一字型　　　　　　　　　(b)十字型

图 1.1.3　螺丝刀

动。当螺丝刀较长时，用右手压紧手柄并转动，同时左手握住螺丝刀的中间部分（不可放在螺钉周围，以免将手划伤），以防止螺丝刀滑脱。

注意事项：

a. 螺丝刀拆卸和紧固带电的螺钉时，手不得触及螺丝刀的金属杆，以免发生触电事故。

b. 为了避免金属杆触及手部或触及邻近带电体，应在金属杆上套上绝缘管。

c. 使用螺丝刀时，应按螺钉的规格选用适合的刃口，以小代大或以大代小均会损坏螺钉或电气元件。

d. 为了保护其刃口及绝缘柄，不要把螺丝刀当凿子使用。木柄螺丝刀不要受潮，以免带电作业时发生触电事故。

e. 螺丝刀紧固螺钉时，应根据螺钉的大小、长短采用合理的操作方法。短小螺钉可用大拇指和中指夹住握柄，用食指顶住柄的末端捻旋。对于较大螺钉，使用时除大拇指、食指和中指要夹住握柄外，手掌还要顶住柄的末端，这样可防止旋转时滑脱。

④ 钢丝钳的使用。钢丝钳在电工作业中的用途广泛。

钢丝钳的钳口可用来弯绞或钳夹导线线头，齿口可用来紧固或松螺母，刀口可用来剪切导线或钳削导线绝缘层，侧口可用来铡切导线线芯、钢丝等较硬线材。钢丝钳的构造及各用途的使用方法如图 1.1.4 所示。

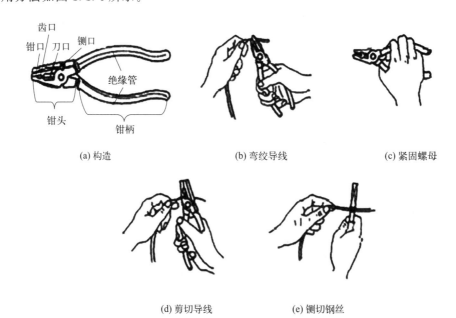

(a) 构造　　　　　　(b) 弯绞导线　　　　　　(c) 紧固螺母

(d) 剪切导线　　　　　(e) 铡切钢丝

图 1.1.4　电工钢丝钳

注意事项：使用前，应先检查钢丝钳的绝缘性能是否良好，防止带电作业时造成触电事故；在带电剪切导线时，不允许用刀口同时剪切不同电位的两根线（如相线与零线、相线与相线等），防止发生短路事故。

⑤ 尖嘴钳的使用。尖嘴钳（图 1.1.5）因其头部尖细，适用于在狭小的工作空间操作。

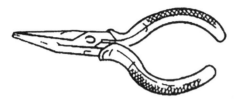

视频扫一扫
尖嘴钳使用

图 1.1.5 尖嘴钳

尖嘴钳可用来剪断较细小的导线，夹持较小的螺钉、螺帽、垫圈、导线等；也可用来对单股导线整形（如平直、弯曲等）。若使用尖嘴钳带电作业，应检查其绝缘是否良好，并在作业时其金属部分不要触及人体或邻近的带电体。

⑥ 斜口钳的使用。斜口钳专用于剪断各种电线电缆，如图 1.1.6 所示。对粗细不同、硬度不同的材料，应选用大小合适的斜口钳。

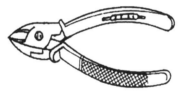

图 1.1.6 斜口钳

⑦ 剥线钳的使用。剥线钳是专用于削较细小导线绝缘层的工具，其外形如图 1.1.7 所示。使用剥线钳削导线绝缘层时，应先将要削的绝缘长度用标尺定好，然后将导线放入相应的刀口中（比导线直径稍大），再用手将钳柄一握，导线的绝缘层即被剥离。

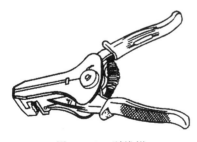

视频扫一扫
剥线钳使用

图 1.1.7 剥线钳

1.1.2.3 导线绝缘层的剖削

导线线头的绝缘层必须剖削去除后方可进行连接，常用的工具有电工刀和剥线钳。

不同种类的导线应使用不同的剖削方法去除线头的绝缘层。

a. 塑料硬线绝缘层的剖削，可用剥线钳、钢丝钳、电工刀三种工具。

b. 塑料软线绝缘层的剖削，可用剥线钳、钢丝钳。

c. 对塑料护套线绝缘层，公共护套层用电工刀剖削；每根线芯绝缘层用钢丝钳或电工刀剖削。

d. 橡胶线绝缘层用电工刀、钢丝钳、剥线钳剖削；纤维编织保护层和棉纱层用电工刀剖削。

e. 漆包线绝缘层用砂纸（布）擦除或用专用工具去除。

要求能正确使用电工刀、剥线钳、钢丝钳、砂纸等工具，按照正确的操作步骤和方法，去除导线绝缘层，而且不得损伤芯线，芯线无刀痕。

1.1.3 任务实施

1.1.3.1 任务要求

正确使用电工刀，按照正确的操作步骤和方法，去除导线绝缘层，而且不得损伤芯线，芯线无刀痕。

1.1.3.2 设备、元器件及材料

电工刀、各种不同种类的导线、通用电工实训台。

1.1.3.3 任务内容及步骤

(1) 塑料绝缘导线线头的剖削

用电工刀以 45°角倾斜切入塑料层，并向线端推削，削去一部分塑料层，并将另一部分塑料层翻下，将翻下的塑料层切去即可，如图 1.1.8 所示。

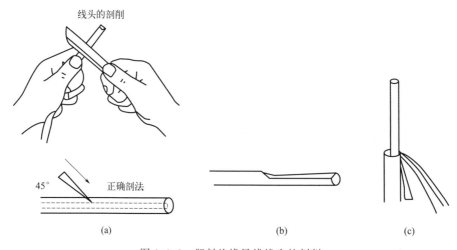

图 1.1.8 塑料绝缘导线线头的剖削

（2）护套线头的剖削

根据需要的长度用电工刀在指定的地方划一圈深痕（不得损伤芯线绝缘层），对准芯线的中间缝隙，用电工刀把保护线层划破，削去线头保护层，露出芯线绝缘层，在距离保护层约 10mm 处，用电工刀以 45°角倾斜切入芯线绝缘层，再用塑料绝缘导线线头的剖削方法，将护套芯线绝缘层剥去，如图 1.1.9 所示。

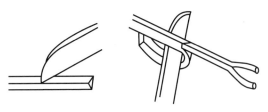

图 1.1.9　护套线头的剖削

（3）刮去漆包线线头绝缘漆层

可用专用工具刮线刀刮去绝缘漆层，也可用电工刀刮削，把绝缘漆层刮干净，但不得将铜线刮细、刮断。直径在 0.07mm 以下的漆包线不便刮去绝缘层，只须将待接两线线头并拢后，拧成麻花形，用打火机直接烧焊即可。

（4）注意事项

① 电工刀不用时，注意要把刀片收缩到刀把内，防止造成不必要的伤害。

② 用电工刀剖削电线绝缘层时，可把刀略微翘起一些，用刀刃的圆角抵住线芯。切忌把刀刃垂直对着导线切割绝缘层，因为这样容易割伤电线芯。

③ 导线接头之前应把导线上的绝缘剥除。用电工刀切剥时，刀口千万不能损伤芯线。常用的剖削方法有级段剥落和斜削法。

④ 电工刀的刀刃部分要磨得锋利才好剖削电线，但不可太锋利，太锋利容易削伤线芯；磨得太钝，则无法剖削绝缘层。磨刀刃一般采用磨刀石或油磨石，磨好后再把底部磨点倒角，即刃口略微圆一些。

⑤ 双芯护套线外层绝缘的剖削，可以用刀刃对准两芯线的中间部位，把导线一剖为二。

⑥ 圆木与木槽板或塑料槽板的吻接凹槽，就可采用电工刀在施工现场切削。通常用左手托住圆木，右手持刀切削。

1.1.4　任务考核

技能考核任务书如下。

常用电工工具使用任务书
1. 任务名称 常用电工工具的使用。 2. 具体任务 (1)不同种类的导线应使用不同的剖削方法去除线头的绝缘层。

续表

> (2)使用试电笔检查线路是否带电。
>
> 3. 工作规范及要求
>
> (1)导线没有明显的损伤。
>
> (2)检查出线路是否带电。
>
> 4. 考点准备器材
>
> 考点提供的材料从表1.1.1中选择。
>
> 5. 时间要求
>
> 本模块操作时间为45min,时间到立即终止任务。

表 1.1.1　材料清单

材料	数量	备注
试电笔	若干	数量根据实际分组数量而定
电工刀	若干	数量根据实际分组数量而定
尖嘴钳	若干	数量根据实际分组数量而定
斜口钳	若干	数量根据实际分组数量而定
钢丝钳	若干	数量根据实际分组数量而定
剥线钳	若干	数量根据实际分组数量而定
多股导线	若干	数量根据实际分组数量而定
单股导线	若干	数量根据实际分组数量而定
220V 交流电压源	若干	数量根据实际分组数量而定

针对考核任务,相应的考核评分细则如表1.1.2所示。

表 1.1.2　评分细则

序号	考核内容	考核项目	配分	评分标准	得分
1	电工工具的使用	剖线工具的使用	70分	(1)能正确识别(30分); (2)功能用法正确(40分)	
2	试电笔的使用		20分	方法正确、结论正确(20分)	
3	安全文明生产		10分	违反安全文明生产酌情扣分,严重者停止实训	
	合计		100分		

注:每项内容的扣分不得超过该项的配分。任务结束前,填写、核实制作和维修记录单并存档。

1.1.5　思考与练习

① 小明用试电笔接触某导线后,发现试电笔的氖灯不亮,于是,小明就认为此导线没有电,小明得出的结论对不对?为什么?

② 试电笔的验电原理是什么？

③ 导线绝缘层恢复的技术要领是什么？

任务 1.2　使用常用电工仪表

1.2.1　任务分析

在电工技术中，经常测量的电物理量主要有电流、电压、电阻、电能和电功率等，测量这些电物理量所使用的仪器仪表统称为电工仪表。在实际电气测量工作中，要了解电工仪表的分类、基本用途、性能特点，以便合理地选择仪表，还需要掌握电工仪表的使用方法和电气测量的操作技能，以获得正确的测量结果。本项目主要进行电工仪表识别与选用，以及万用表、绝缘电阻表（兆欧表）的操作使用等技能训练。

在使用常用电工仪表时，正确选择和使用仪表是确保测量准确性和安全性的关键。学习使用常用电工仪表，了解电压表、电流表、兆欧表、万用表、钳形表等电工仪表误差等级、精度等参数，从而有效地完成各项电气测量任务。

1.2.2　相关知识

1.2.2.1　仪表的分类与精度

(1) 常用电工仪表的分类

电工仪表按测量对象不同，分为电流表（安培表）、电压表（伏特表）、功率表（瓦特表）、电度表（千瓦时表）、欧姆表等；按仪表工作原理的不同，分为磁电式、电磁式、电动式、感应式等；按被测量种类的不同，分为交流表、直流表、交直流两用表等；按使用性质和装置方法的不同，分为固定式（开关板式）、携带式；按误差等级不同，分为 0.1 级、0.2 级、0.5 级、1.0 级、1.5 级、2.5 级和 4 级共七个等级。

(2) 电工仪表的精确度

电工仪表的精确度等级是指在规定条件下使用时，可能产生的基本误差占满刻度的百分数。它表示了该仪表基本误差的大小。在前述的七个误差等级中，数字越小者，精确度越高，基本误差越小。0.1 级、0.2 级、0.5 级仪表精确度较高，多用于实验室作校检仪表；1.5 级以上的仪表精确度较低，多用于工程上的检测与计量。

所谓基本误差，是指仪表在正常使用条件下，由本身内部结构的特性和质量等方面的缺陷所引起的误差，这是仪表本身的固有误差。例如 0.5 级电流表的基本误差是满刻度的 0.5/100。若所测电流为 100A 时，实际电流值在 99.5～100.5A 之间。

1.2.2.2　数字式万用表的使用

数字式万用表显示直观、测量速度快、功能全、测量精度高、可靠性好、小巧轻便、耗电少、便于操作，受到人们的普遍欢迎，已成为电工、电子测量以及电子设备维修等的必备仪表。数字式万用表是一种用电池驱动的万用表，可以进行交、直流电压、电流，电阻，二极管，晶体管 hFE，带声响的通断等测试，并具有极性选择、过量程显示及全量程过载保护等特点。

数字式万用表的面板结构如图 1.2.1 所示。

图 1.2.1　数字式万用表的面板结构

1.2.2.3　绝缘电阻表的结构和原理

绝缘电阻表是一种常用的测量高电阻的直读式仪表，操作简单，一般用来测量电路、电机绕组、电缆、电气设备等的绝缘性能，如图 1.2.2 所示。其测量单位为 MΩ，通常也叫作兆欧表、摇表。

视频扫一扫

摇表使用

图 1.2.2　绝缘电阻表（兆欧表）

绝缘电阻表主要由两部分组成：手摇直流发电机、磁电式流比计测量机构及其接线柱。手摇直流发电机为绝缘电阻表提供电源，常用的有 500V、1000V、2500V 等几种。三个接线柱分别标有 L（线路）、E（接地）、G（保护环或屏蔽端子），使用时应按测量对象的不同来选择。保护环的作用是减少绝缘表面泄漏电流对测量造成的影响。在测量电气设备对地绝缘电阻时，设备的待测部位用单根导线接 L 端，设备外壳用单根导线接 E 端；如测电气设备内两绕组之间的绝缘电阻时，两绕组的接线端分别接至 L 端和 E 端；当测量电缆的绝缘电阻时，为消除因表面漏电产生的误差，L 端接线芯，E 端接外壳，G 端接线芯与外壳之间的绝缘层。但当测量表面不干净或测量潮湿电缆的绝缘电阻时，就必须使用 G 端。

绝缘电阻表应按被测电气设备或线路的电压等级选用。一般额定电压在 500V 以下的设备可选用 500V 或 1000V 的绝缘电阻表，若选用过高电压的表可能会损坏被测设备的绝缘。高压设备或线路应选用 2500V 的绝缘电阻表，特殊要求的选用 5000V 的绝缘电阻表。

1.2.2.4 钳形电流表的结构和原理

钳形电流表又叫钳表。它是一种用于测量正在运行的电气线路电流大小的仪表，如图 1.2.3 所示。通常在测量电流前，须将被测线路断开，才能使电流表或互感器的一次侧串联到电路中去；而使用钳表测量电流时，可以在不断开电路的情况下进行。钳表是一种可携带仪表，使用时非常方便。

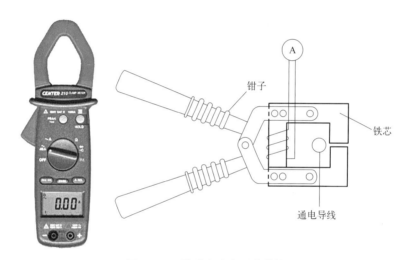

图 1.2.3 钳形电流表及其结构

钳形电流表由电流互感器和带整流装置的磁电式表头组成。电流互感器的铁芯呈钳口形，当捏紧钳表把手时，其铁芯张开，载流导线可以穿过铁芯张口放入；松开把手，铁芯闭合，通过被测电流的导线成为电流互感器的一次线圈。被测电流在铁芯中产生磁通，使绕在铁芯上的二次绕组中产生感生电动势，测量线路就有电流流过。这个电流按不同的分流比，经整流后经过表头。钳形电流表的标尺是按一次电流刻度的，所以表的读数就是被测导线中的电流。量程的改变由转换开关改变分流器的电阻来实现。

1.2.2.5 交流电能表

交流电能表是专门用来测量某一段时间内，发电机发出的电能或负载消耗的电能的仪表，电能常用的单位是千瓦时（kW·h），通常称为度，所以电能表俗称电度表。

交流电能表是一种感应式仪表，常用的有单相有功电能表、三相三线制有功电能表和三相四线制有功电能表。

单相电能表主要由一个可转动的铝盘和分别绕在不同铁芯上的一个电压线圈和一个电流

线圈所组成。电能表接入交流电源并接通负载后，电压线圈和电流线圈产生交变磁场，穿过转盘，在转盘上产生涡流，涡流和交变磁场作用，产生转矩，驱动转盘转动。转盘转动后在制动磁铁的磁场作用下也产生涡流，该涡流与磁场作用，产生与转盘转向相反的制动力矩，使转盘的转速与负载的功率大小成正比。转速用计数器显示出来，计数器累计的数字即为用户消耗的电能。单相电能表如图1.2.4所示。

图1.2.4　单相电能表

电能表的表盘包括计数器窗口、转盘显示窗口和铭牌数据栏。

① 计数器窗口以数字形式直接显示累计消耗的电能，如计数器显示"01125"表示该电能表累计记录的电能为112.5kW·h，两次记录数值之差就是这段时间所在电路消耗的电能。

② 转盘显示窗口显示内部转盘的转动情况，转盘转动表明电路中有电流通过（即耗电），有时也可能出现电路无负载，但是转盘依然有缓慢转动的情况，这种现象称为潜动。

③ 表盘上标有铭牌数据（如图1.2.5所示）。"2500R/kW·h"表示该电路每消耗1kW·h（千瓦时）的电能，电能表转盘转动2500转，这一数据称为电能表常数；"220V 10A"表示电能表适用的电路电压和电流分别为220V和10A，同时也表明这只电能表只能适用于220V×10A＝2200W的电路。

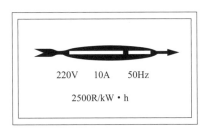

图1.2.5　单相电能表的铭牌

三相三线制电能表和三相四线制电能表的结构基本上与单相电能表相同。不同的是三相电能表具有两组或三组电压、电流线圈，在线路中接线略有区别。

1.2.3 任务实施

1.2.3.1 万用表的使用

(1) 任务要求

正确使用万用表，正确读出测量数据；正确测试电池电压，以及电路中各工作点的电压、电流等相关数据；撰写测试报告。

(2) 仪器、设备、元器件及材料

万用表、测试电路、通用电工实训台。

(3) 任务内容及步骤

① 测量电阻。

a. 将选择开关置于 Ω 挡的适当量程上，红表笔插入 V/Ω 孔，黑表笔插 COM 孔。

b. 表笔接于被测电阻两端，读出显示屏显示的数值。

（a）测量电阻时，被测电阻不能处于带电状态。

（b）在不能确定被测电阻有没有并联电阻存在时，把电阻器的一端从电路中断开，才能进行测量。

（c）测量电阻时不应将双手触于电阻器两端，如图 1.2.6 所示。

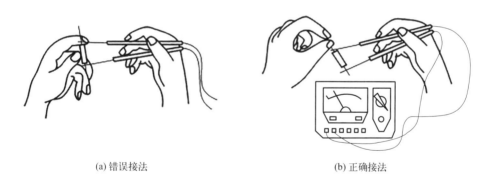

(a) 错误接法　　　　　　(b) 正确接法

图 1.2.6 万用表的正确使用

视频扫一扫
万用表使用

② 测量电流。

a. 将红表笔插入带有 A 的相应插孔，将黑表笔插入 COM 插孔。

b. 功能旋转开关打至 A～或 A－对应量程的挡位。

c. 断开电路，将万用表串入被测电路中，电流从一端流入红表笔，经万用表黑表笔流出，再流入被测线路中。

d. 接通电路，读出显示屏数字。

③ 测量电压。

a. 将红表笔插入 V/Ω 孔，黑表笔插入 COM 孔。

b. 量程旋钮打到 V－或 V～对应量程挡位。

c. 接着把表笔接到电源或电池两端，保持接触稳定。

d. 读出显示屏上的显示数字。

注意：若显示为"1."，则表明量程太小，那么就要加大量程后再测量。若在数值左边出现"—"，则表明表笔极性与实际电源极性相反，此时红表笔接的是负极（交流电压无正负之分）。

④ 测短路。

a. 将功能开关打到"电阻-蜂鸣器-二极管"符号的蜂鸣器挡，红表笔插入 V/Ω 孔，黑表笔插 COM 孔。

b. 将表笔接入测量部分的两端。

c. 若两端确实短路，则万用表蜂鸣器发出响声。

可以用此方法来检测熔丝是否熔断。

⑤ 测量二极管。二极管好坏判断：红表笔插入 V/Ω 孔，黑表笔插入 COM 孔，功能开关打在"电阻-蜂鸣器-二极管"符号的二极管挡，然后颠倒表笔再测一次。如果两次测量的结果是一次显示"1"字样，另一次显示零点几的数字，那么此二极管就是一个正常的二极管。显示屏上显示的数字即二极管的正向压降（硅材料为 0.7V 左右，锗材料为 0.3V 左右）。根据二极管的特性，可以判断此时红表笔接的是二极管的正极，而黑表笔接的是二极管的负极。假如两次显示都相同的话，那么此二极管已经损坏。

(4) 注意事项

万用表测量电物理量的种类和量程很多，而且结构形式各异，使用前必须熟悉功能开关、旋钮和插孔的作用，检查表笔所接的位置是否正确。

测量前先检查红、黑表笔连接的位置是否正确。红表笔接到红色接线柱或标有"＋"的插孔内，黑表笔插到黑色接线柱或标有"－"的插孔内，不能接反，否则在测量直流电量时会因正负极的反接而损坏表头部件。

① 严禁在被测电路带电的情况下测量电阻。因为这样测量既使测量结果不正确，又极易损坏仪表。

② 带电测量过程中应注意防止发生短路和触电事故。

③ 在表笔连接被测电路之前，一定要检查所选挡位与测量对象是否相符，否则如果误用挡位和量程，不仅得不到测量结果，而且还会损坏万用表。

④ 测量时，手指不要触及表笔的金属部分和被测元器件。

⑤ 测量中若需转换量程，必须在表笔离开电路后才能进行，否则，功能开关转动产生的电弧易烧坏功能开关触点，造成接触不良的故障。

⑥ 在实际测量中，经常要测量多种电物理量，每一次测量前要根据每次测量任务把功能开关转换到相应的挡位和量程。

⑦ 测量完成后，功能开关应置于交流电压最大挡量程（有些直接置于 OFF 挡）。

1.2.3.2　绝缘电阻表的使用

(1) 任务要求

正确使用绝缘电阻表，读出所测数据；通过测量电机绝缘电阻值，判断电机的绝缘是否合格；撰写测试报告。

（2）**仪器、设备、元器件及材料**

绝缘电阻表、三相异步电动机、通用电工实训台。

（3）**任务内容及步骤**

在进行测量前要先切断电源，严禁带电测量设备的绝缘电阻；并且要查明线路或电气设备上无人工作后方可进行。

① 测量前必须将被测设备电源切断，并对地短路放电。绝不能让设备带电进行测量，以保证人身和设备的安全。对可能感应出高压电的设备，必须消除这种可能性后，才能进行测量。

② 被测物表面要清洁，减少接触电阻，确保测量结果的正确性。

③ 测量前应将兆欧表进行一次开路试验和短路试验，检查兆欧表是否良好。即在兆欧表未接上被测物之前，摇动手柄使发电机达到额定转速（120r/min），观察指针是否指在标尺的"∞"位置。将接线柱线（L）端和地（E）端短接，缓慢摇动手柄，观察指针是否指在标尺的"0"位。如指针不能指到该位置，表明兆欧表有故障，应检修后再用。

④ 兆欧表使用时应放在平稳、牢固的地方，且远离大的外电流导体和外磁场。

⑤ 必须正确接线。兆欧表上一般有三个接线柱，接地端子 E 接线柱应接在电气设备外壳或地线上，线路端子 L 接线柱接在被测电机绕组或导体上，屏蔽端子 G 接线柱应接到保护环或电缆绝缘护层上，以减小绝缘表面泄漏电流对测量造成的误差。测量绝缘电阻时，一般只用 L 端和 E 端，但在测量电缆对地的绝缘电阻或被测设备的漏电流较严重时，就要使用 G 端，并将 G 端接屏蔽层或外壳。线路接好后，可按顺时针方向转动摇把。摇动的速度应由慢而快，当转速达到 120r/min 左右时，保持匀速转动 1min 后读数。并且要边摇边读数，不能停下来读数。

⑥ 摇测时将兆欧表置于水平位置，摇把转动时其端钮间不许短路。摇动手柄应由慢渐渐变快，若发现指针指零，说明被测绝缘物可能发生了短路，这时就不能继续摇动手柄，以防表内线圈发热损坏。

⑦ 测量完毕，待绝缘电阻表停止转动、被测物接地放电后，方能拆除连接导线。放电方法是将测量时使用的地线从兆欧表上取下来与被测设备短接一下即可（不是兆欧表放电）。

⑧ 低压电动机绕组的绝缘电阻不低于 0.5MΩ，电流互感器的绝缘电阻不低于 10～20MΩ，才算达到合格要求。

（4）**注意事项**

① 绝缘电阻表测量时要远离大电流导体和外磁场。

② 不能在设备带电情况下测量其绝缘电阻。已用绝缘电阻表测量过的设备如要再次测量，也必须先接地放电。

③ 用绝缘电阻表测试高压设备的绝缘时，应由两人进行。

④ 绝缘电阻表使用的测试导线必须是绝缘线，且不宜采用双股绞合绝缘线，其导线的端部应有绝缘护套。

⑤ 测试过程中两手不得同时接触两根线。

⑥ 测量过程中，如果出现指针指"0"，表示被测设备短路，就不能再继续摇动手柄，以防损坏绝缘电阻表。

⑦ 测试完毕应先拆线，后停止摇动绝缘电阻表，以防止电气设备向绝缘电阻表反充电导致摇表损坏。

1.2.3.3　钳形电流表的使用

（1）任务要求
正确使用钳形电流表；正确测试电流等相关数据；撰写测试报告。

（2）仪器、设备、元器件及材料
钳形电流表、通用电工实训台。

（3）任务内容及步骤
钳形电流表分高压、低压两种，用于在不拆断线路的情况下直接测量线路中的电流。

① 使用时握紧钳形电流表的把手和扳手，按动扳手打开钳口，将被测线路的一根电线置于钳口内中心位置；再松开扳手，使两钳口表面紧紧贴合，将表放平，然后读取钳形电流表读数，即为被测电流数值。钳形电流表的使用如图1.2.7所示。

② 测量前先估计被测电流的大小，再选择量程。若无法估计，可用最大量程试测，然后依次变小挡，直至找到合适的量程。量程不合适时，必须把导线先退出钳口，然后才可换挡。

③ 测量大电流后再测小电流时，要把钳口开合好几次，消除剩磁。

④ 测量完成后，应把量程开关拨到最大量程位置。

使用高压钳形表时，应注意钳形电流表的电压等级，严禁用低压钳形表测量高电压回路的电流。用高压钳形表测量时，应由两人操作，测量时应戴绝缘手套，站在绝缘垫上，不得触及其他设备，以防止短路或接地。

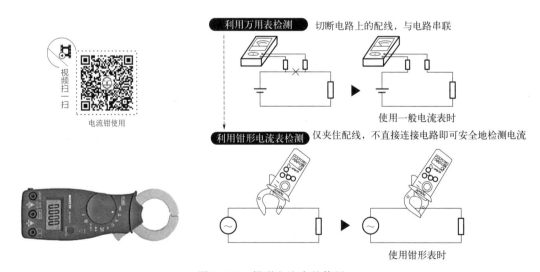

图1.2.7　钳形电流表的使用

（4）注意事项
① 被测电路电压不能超过钳表的额定电压，否则容易引起触电或造成其他事故。

② 钳形电流表在使用前需要进行机械调零、清洁钳口、选择合理的量程挡等工作。

③ 钳口要闭合紧密，不能带电换量程。

④ 每次只能测量一相导线的电流，不可以将多相导线同时钳入钳口内测量。

⑤ 在不使用时，应将量程旋钮置于最大量程挡。

⑥ 使用高压钳表时，要特别注意保持头部与带电部分的安全距离，人体任何部分与带电体的距离不得小于钳形表的整个长度。

⑦ 在高压回路上测量时，禁止用导线从钳形电流表另接表计测量。

⑧ 测量高压电缆各相电流时，要戴绝缘手套，穿绝缘鞋，站在绝缘垫上。电缆头线间距离应在 300mm 以上，且绝缘良好，待认为测量方便时，方能进行。

⑨ 当电缆有一相接地时，严禁测量，防止出现因电缆头的绝缘水平低，发生对地击穿爆炸而危及人身安全。

1.2.3.4 单相交流电能表的接线方法

(1) 任务要求

正确完成低压单相电能表的安装，接线正确，使电路正常运行；正确测试电能表的相关数据；撰写测试报告。

(2) 仪器、设备、元器件及材料

低压单相交流电能表、通用电工实训台。

(3) 任务内容及步骤

单相电能表的安装方法如下。

单相电能表有四个接线柱，自左向右为 1、2、3、4 端。按照中国标准产品用的跳入式接线方式，1、3 为进线端，进线端分别接电源的火线和零线；2、4 为出线端，出线端分别接负载。注意：要求先通过开关再接负载，且使开关位于火线一侧。单相电能表的安装接线示意图如图 1.2.8 所示。按从左到右的顺序接线，即火（线）入火（线）出，零（线）入零（线）出。零、火线可用电笔试一试区分。单相电能表的安装接线实物如图 1.2.9 所示。

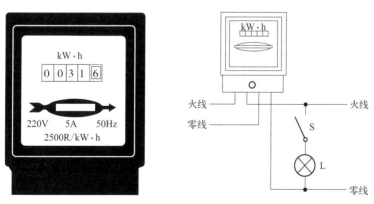

图 1.2.8 单相电能表的安装接线示意图

(4) 注意事项

① 选择电能表时应注意其额定电压、额定电流是否合适。

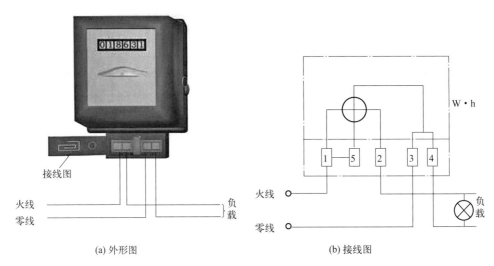

(a) 外形图　　　　　　　　　　　(b) 接线图

图 1.2.9　单相电能表的安装接线实物

② 电能表的安装场所应选择在干燥、清洁、较明亮、不易损坏、无振动、无腐蚀性气体、不受强磁场影响，以及便于装拆表和抄表的地方。

③ 接线时可打开电能表的盒盖，背面有接线图，注意接线端顺序不能错。

④ 电能表要安装在能牢靠固定的木板上，并且置于配电装置的左方或下方。

⑤ 表板的下沿一般不低于 1.3m，为抄表方便起见，表箱底部对地面的垂直距离一般为 1.7～1.9m。若上下两列布置，上列表箱对地面高度不应超过 2.1m。

⑥ 要确保电度表在安装后表身与地面保持垂直，否则会影响测量精度。

1.2.3.5　三相三线制低压电能表的直接接线方法

(1) 任务要求

正确完成三相三线制低压电能表的安装，接线正确，使电路正常运行；正确测试电能表的相关数据；撰写测试报告。

(2) 仪器、设备、元器件及材料

三相三线制低压电能表、通用电工实训台。

(3) 任务内容及步骤

首先认识三相三线制电能表的接线孔布局。它有 8 个接线柱，从左到右编号依次为 1、2、3、4、5、6、7、8。1、2、3 端是第一组线圈元件的引出端；6、7、8 端是第二组线圈元件的引出端；4、5 为两个相连的端子，它们在电能表内部和左右两边的电压线圈连接。三相三线制电能表可测量线电压。端子 1、2 有连接片连通，端子 6、7 有连接片连通。具体接线是：将 A 相电源进线接 1，出线接 3；B 相电源进线接 4，出线接 5（其实这 2 个接线柱是短接的）；C 相电源进线接 6，出线接 8。接线如图 1.2.10 所示。

(4) 注意事项

三相三线制低压电能表接线的注意事项同单相交流电能表接线的注意事项。

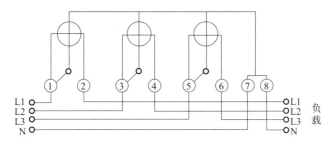

图 1.2.10　三相三线制低压电能表的直接接线原理图

1.2.4　任务考核

技能考核任务书如下。

常用仪表使用任务书
1. 任务名称 常用电工仪表的使用。 2. 具体任务 (1)给定直流电压源、交流电压源和电阻,用万用表测量相对应的数值。 (2)给定三相异步交流电动机,测量定子绕组相间及相对地的绝缘电阻。 (3)利用钳形电流表测量正在运行的三相异步交流电动机的空载电流。 (4)完成单相电能表、三相电能表直接式的接线。 3. 工作规范及要求 对于任务(1)、(2)、(3),分别提供对应的测量环境,测量出对应的数值;对于任务(4),要求对于电路的线槽安装布线,导线必须沿线槽内走线,接线端加编码套管。线槽出线应整齐美观,线路连接应符合工艺要求,不损坏电气元件,安装工艺符合相关行业标准,并通电调试。 4. 考点准备器材 考点提供的材料从表 1.2.1 中选择。工具清单见表 1.2.2。 5. 时间要求 本模块操作时间为 180min,时间到立即终止任务。

表 1.2.1　材料清单

材料	数量	备注
直流电压源	若干	数量根据实际分组数量而定
交流电压源	若干	数量根据实际分组数量而定
变阻箱(电阻)	若干	数量根据实际分组数量而定
指针式万用表	若干	数量根据实际分组数量而定
数字式万用表	若干	数量根据实际分组数量而定

材料	数量	备注
钳形电流表	若干	数量根据实际分组数量而定
三相异步交流电动机	若干	数量根据实际分组数量而定
单相电能表	若干	数量根据实际分组数量而定
三相电能表	若干	数量根据实际分组数量而定
导线	若干	数量根据实际分组数量而定
自动空气开关	若干	数量根据实际分组数量而定

表 1.2.2　工具清单

工具	数量	备注
螺丝刀	若干	数量根据实际分组数量而定
剥线钳	若干	数量根据实际分组数量而定
斜口钳	若干	数量根据实际分组数量而定

针对考核任务，相应的考核评分细则参见表 1.2.3。

表 1.2.3　评分细则

序号	考核内容	考核项目	配分	评分标准	得分
1	电工仪表的使用	万用表、兆欧表、钳形电流表的使用	70 分	(1)能正确识别(30 分)； (2)功能用法正确(40 分)	
2	电能表的安装	单相电能表、三相电能表线路安装	20 分	(1)接线正确(10 分)； (2)走线美观(10 分)	
3	安全文明生产		10 分	违反安全文明生产酌情扣分，严重者停止实训	
	合计		100 分		

注：每项内容的扣分不得超过该项的配分。任务结束前，填写、核实制作和维修记录单并存档。

1.2.5　思考与练习

① 万用表共分为几种？在使用方法上有什么不同？

② 兆欧表的作用是什么？使用兆欧表时有哪些注意事项？

③ 小明家电能表月初显示是 246.8kW·h，月末显示是 287.3kW·h，小明家在这段时间内共用了多少电？如果电价为 0.6 元/(kW·h)，这段时间要交多少电费？

④ 在使用钳形电流表测量电流时，用最小量程测量被测线路，发现钳形电流表的指针偏转仍然很小，在不更换钳形电流表的前提下，如何才能测量到被测线路的电流？

⑤ 绝缘电阻的值是越大越好，还是越小越好？

⑥ 三相三线制电能表的电压线圈测量的是相电压还是线电压？

⑦ 某家庭平时常用的主要电器有 "220 V 60 W" 荧光灯 4 盏、"220 V 1200 W" 电饭锅 1 只、"220 V 250 W" 电视机 1 台、"220 V 1500 W" 电水壶 1 只、"220 V 2000 W" 电热水器 1 只，试问需要安装的电能表额定电压值、额定电流值为多少？

⑧ 钳形表在测量过程中可以随意转换量程吗？

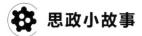 **思政小故事**

维修情缘：电工精神

项目2

使用与检修常用低压电器

 学习目标

【知识目标】

① 了解低压电器（低压开关、熔断器、主令电器、交流接触器、热继电器、中间继电器、时间继电器、速度继电器）的作用与分类、外形符号、基本结构组成、主要技术参数、主要技术指标和动作原理。

② 掌握常用低压电器的选配方法、安装方法、使用方法、检修方法。

③ 掌握时间继电器的校验方法。

【技能目标】

① 能识别常用低压电器。

② 能选配、使用、安装、检修常用低压电器。

③ 能校验时间继电器。

④ 能整理与记录安装制作和检修技术文件。

【素质目标】

① 培养爱岗敬业、精益求精、一丝不苟、淡泊名利的工匠精神。

② 遵守规则，进行安全文明生产。

 任务 2.1 识别常用低压电器

2.1.1 任务分析

采用电力拖动的生产机械，其电动机的运行是由各种接触器、继电器、按钮、行程开关等电气器件构成的控制线路来进行控制的。

在生产过程自动化装置中，大多数采用电动机拖动各种生产机械，这种拖动的形式称为电力拖动。为提高生产效率，就必须在生产过程中对电动机进行自动控制，即控制电动机的启动、正反转、调速以及制动等。实现控制的手段较多，在先进的自控装置中采用可编程控制器（PLC）、单片机、变频器及计算机控制系统，但使用更广泛的仍是按钮、接触器、继电器组成的继电接触器控制电路。通过对低压电器的学习，为后续三相异步电动机的控制线路安装奠定基础。

2.1.2　相关知识

(1) 低压电器的作用与分类

低压电器是指工作在交流额定电压 1200V 及以下、直流额定电压 1500V 及以下的电路中，起保护、控制、调节、转换和通断作用的电气设备。低压电器作为基本元器件，广泛用于发电厂、变电所、工矿企业、交通运输和国防工业等的电力输配电系统和电力拖动控制系统中。

视频扫一扫

常用的电气元器件

低压电器的种类繁多，按其结构用途及所控制的对象不同，可以有不同的分类方式。根据它在电气线路中所处的地位和作用，通常按 3 种方式分类。

① 按低压电器的作用分类。

a. 控制电器。这类电器主要用于电力传动系统中，主要有启动器、接触器、控制继电器、控制器、主令电器、电阻器、变阻器、电压调整器及电磁铁等。

b. 配电电器。这类电器主要用于低压配电系统和动力设备中，主要有刀开关、转换开关、熔断器、断路器等。

② 按低压电器的动作方式分类。

a. 手控电器。这类电器是指依靠人力直接操作来进行切换等动作的电器，如刀开关、负荷开关、按钮、转换开关等。

b. 自控电器。这类电器是指按本身参数（如电流、电压、时间、速度等）的变化或外来信号变化而自动工作的电器，如各种形式的接触器、继电器等。

③ 按低压电器有无触点（也称触头）分类。

a. 有触点电器。前述各种电器都是有触点的，由有触点的电器组成的控制电路又称为继电-接触控制电路。

b. 无触点电器。用晶体管或晶闸管做成的无触点开关、无触点逻辑元件等属于无触点电器。

(2) 低压电器的基本结构组成

低压电器的基本结构由电磁机构和触头系统组成。

① 电磁机构由电磁线圈、铁芯和衔铁三部分组成。电磁线圈分为直流线圈和交流线圈两种。直流线圈须通入直流电，交流线圈须通入交流电。

② 触头系统。触头的形式主要有：点接触式，常用于小电流电器中；线接触式，用于通电次数多、电流大的场合；面接触式，用于较大电流的场合。

电弧的产生和灭弧方法如下。

a. 电弧的产生。当触头在分断时，若触头之间的电压超过 12V，电流超过 0.25A 时，触头间隙内就会产生电弧。

b. 常用的灭弧方法。常用的灭弧方法包括双断口灭弧、磁吹灭弧、栅片灭弧、灭弧罩灭弧。

（3）低压电器的主要技术参数

① 额定电压。额定电压分额定工作电压、额定绝缘电压和额定脉冲耐受电压三种。

② 额定电流。额定电流分额定工作电流、约定发热电流、约定封闭发热电流及额定不间断电流四种。

③ 操作频率和通电持续率。

④ 通断能力和短路通断能力。

⑤ 机械寿命和电寿命。

（4）低压电器的主要技术指标

低压电器的主要技术指标有以下几项。

① 绝缘强度。指电气元件的触头处于分断状态时，动、静触头之间耐受的电压值（无击穿或闪络现象）。

② 耐潮湿性能。指保证电器可靠工作的允许环境潮湿条件。

③ 极限允许温升。电器的导电部件通过电流时将引起发热和温升，极限允许温升指为防止过度氧化和烧熔而规定的最高温升。

④ 操作频率。电气元件在单位时间（1h）内允许操作的最高次数。

⑤ 寿命。电器寿命包括电寿命和机械寿命两项指标。电寿命是指电气元件的触头在规定的电路条件下，正常操作（$I \leqslant$ 额定负荷电流）的总次数。机械寿命是指电气元件在规定的使用条件下，正常操作的总次数。

⑥ 正常工作条件。环境温度为$-5 \sim 40$℃；安装地点不超过海拔2000m；相对湿度不超过50%；污染等级共分4级。

（5）常用低压电器的选配

对低压电器进行合理的选配，可实现设备和能源利用的最优化，节约成本，创造价值。

人们在工作实践中总结出了根据负载选择熔断器、熔体、接触器、热继电器、铜导线截面积等低压电器的经验数据，如表2.1.1所示。

表 2.1.1 负载（电动机）与低压电器的选配

电动机/kW		电动机额定电流/A	断路器额定电流/A	熔体额定电流/A	接触器额定电流/A	热继电器		铜导线截面积/mm²
220V	380V					额定电流/A	整定电流/A	
1.1	3.2	4.4	6	10	10	20	4.4	3.5
1.5	3	6	10	10,15	10	20	6	3.5
2	4	8	10、16	15,20	16	20	8	3.5
3.5	5.5	11	16	20,25	16	20	11	3.5
3.5	7.5	15	25	30,35	25	20	15	4
5	10	20	30	40	40	60	20	6

续表

电动机/kW		电动机额定电流/A	断路器额定电流/A	熔体额定电流/A	接触器额定电流/A	热继电器		铜导线截面积/mm²
220V	380V					额定电流/A	整定电流/A	
6.5	13	26	40	50、60	40	60	26	6、10
8.5	17	34	50	80	60	60	34	10、16
11	22	44	60	80、100	63	60	44	16、25
14	28	56	80	120	100	150	56	25
15	30	60	100	120	100	150	60	25
17.5	35	70	100	150	100	150	70	35
18.5	37	74	100	150	160	150	74	35
22	40	80	120	160	160	150	80	35
27.5	55	110	150	200	160	150	110	50
40	80	160	225	300、350	250	180	160	70
45	90	180	250	350	250	400	180	95

(6) 常用低压电器的故障及排除

各种低压电器元件经长期使用，由于自然磨损或频繁动作或者日常维护不及时，特别是用于多灰尘、潮气大、有化学气体等场合，容易引起故障。其故障现象常常表现为触头发热、触头磨损或烧损、触头熔焊、触头失灵、衔铁噪声大、线圈过热或烧毁、活动部件卡住等。检修时，必须根据故障特征，仔细检查和分析，及时排除故障。

由于低压电器种类很多，结构繁简程度不一，产生故障的原因也是多方面的，主要集中在触头和电磁系统。这里仅对一般低压电器所共有的触头和电磁系统的常见故障与维修进行分析。

① 触头的故障与维修。

触头是接触器、继电器及主令电器等设备的主要部件，起着接通和断开电路电流的作用，所以是电器中比较容易损坏的部件。触头的故障一般有触头过热、磨损和熔焊等。

触头通过电流会发热，其发热的程度与触头的接触电阻有关。动、静触头之间的接触电阻越大，触头发热越厉害，有时甚至将动、静触头熔在一起，从而影响电器的使用，因此，对于触头发热必须查明原因，及时处理，维护电器的正常工作。造成触头发热的原因主要有以下几个方面。

a. 触头接触压力不足，造成过热。电器由于使用时间长，或由于受到机械损伤和高温电弧的影响，使弹簧产生变形、变软而失去弹性，造成触头压力不足；触头磨损后变薄，使动、静触头完全闭合后触头间的压力减小。这两种情况都会使动、静触头接触不良，接触电阻增大，引起触头过热。处理的方法是调整触头上的弹簧压力，用以增加触头间的接触压力。如调整后仍达不到要求，则应更换弹簧或触头。

b. 触头表面接触不良，触头表面氧化或积有污垢，也会造成触头过热。对于银触头，其氧化后，影响不大；对于铜触头，须用小刀将其表面的氧化层刮去。触头表面的污垢，可用汽油或四氯化碳清洗。

c. 触头接触表面被电弧灼伤烧毛，使触头过热。此时要用小刀或什锦锉修整表面，修整时不宜将触头表面锉得过分光滑，因为过分光滑会使触头接触面减小，接触电阻反而增大，同时触头表面锉得过分光滑也会影响使用寿命。不允许用砂布或砂纸来修整触头的毛面。此外，用电设备或线路产生过电流故障，也会引起触头过热，此时应从用电设备和线路中查找故障并排除，避免触头过热。

d. 触头磨损。触头的磨损有两种。一种是电磨损，是由于触头间电弧或电火花的高温使触头产生磨损。另一种是机械磨损，是由触头闭合时的撞击、触头接触面的相对滑动摩擦等造成的。触头在使用过程中，由于磨损，其厚度越来越薄。若发现触头磨损过快，则应查明原因，及时排除。如果触头磨损到原厚度的 $1/2 \sim 2/3$ 时，则需要更换触头。

e. 触头熔焊。触头熔焊是指动、静触头表面被熔化后焊在一起而断不开的现象。熔焊是由于触头闭合时，撞击和产生的振动在动、静触头间的小间隙中产生短电弧，电弧的温度很高，可使触头表面被灼伤以致烧熔，熔化后的金属使动、静触头焊在一起。当发生触头熔焊时，要及时更换触头，否则会造成人身或设备的事故。产生触头熔焊的原因大都是触头弹簧损坏、触头的初压力太小，此时应调整触头压力或更换弹簧。有时因为触头容量过小或因电路发生过载，当触头闭合时通过的电流太大，而使触头熔焊。

② 电磁系统的故障与维修。

许多电器触头的闭合或断开是靠电磁系统的作用而完成的，电磁系统一般由铁芯、衔铁和吸引线圈等组成。电磁系统的常见故障有衔铁噪声大、线圈故障及衔铁吸不上等。

电磁系统在工作时发出一种轻微的嗡嗡声，这是正常的。若声音过大或异常，则说明电磁系统出现了故障，其原因一般有以下几种情况。

a. 衔铁与铁芯的接触面接触不良或衔铁歪斜。在电磁系统工作过程中，衔铁与铁芯经过多次碰撞后，接触面变形或磨损，以及接触面上有锈蚀、油污，都会造成相互间接触不良，产生振动及噪声。衔铁的振动将导致衔铁和铁芯的加速损坏，同时还会使线圈过热，严重的甚至烧毁线圈。通过清洗接触面的油污及杂质，修整衔铁端面，来保持接触良好，排除故障。

b. 短路环损坏。铁芯经过多次碰撞后，短路环会出现断裂而使铁芯发出较大的噪声，此时应更换短路环。

c. 机械方面的原因。如果触头弹簧压力过大，或因活动部分受到卡阻，而使衔铁不能完全吸合，都会产生强烈的振动和噪声。此时应调整弹簧压力，排除机械卡阻等故障。

d. 线圈的故障与维修。线圈主要的故障是由于所通过的电流过大，使线圈发热，甚至烧毁。如果线圈发生匝间短路，应重新绕制线圈或更换；如果衔铁和铁芯间不能完全闭合，有间隙，也会造成线圈过热。电源电压过低或电器的操作频率超过额定操作频率，也会使线圈过热。

e. 衔铁吸不上。当线圈接通电源后，衔铁不能被铁芯吸合时，应立即切断电源，以免线圈被烧毁。导致衔铁吸不上的原因有：线圈的引出线连接处发生脱落；线圈有断线或烧毁的现象，此时衔铁没有振动和噪声。活动部分有卡阻现象、电源电压过低等也会造成衔铁吸不上，但此时衔铁有振动和噪声。应通过检查，分别采取措施，保证衔铁正常吸合。

2.1.3　任务实施

2.1.3.1　任务要求

通过对不同类型低压电器的识别，掌握其型号意义及用途。对按钮进行简单拆装、结构认识，以加深对触头的了解。做好记录，填写时要求一丝不苟。操作时遵守规则，进行安全文明生产。

2.1.3.2　仪器、设备、元器件及材料

胶盖式刀开关、铁壳开关、转换开关、低压断路器、交流接触器、瓷插式熔断器、螺旋式熔断器、组合按钮、热继电器、速度继电器、时间继电器、行程开关；万用表、螺丝刀（一字型和十字型）。

常用电气元器件
实物图与电气符号

2.1.3.3　任务内容及步骤

① 仔细观察所给定的低压电器，学习低压电器的分类方法，了解其图形及文字符号，掌握其型号意义及用途，填入表 2.1.2 中。

表 2.1.2　常用低压电器的识别

名称	图形及文字符号	型号及意义	（保护）作用简述

② 对组合按钮先进行拆卸，仔细观察其触头结构，并用万用表电阻挡对各对触头进行测试，以了解触头的分类。了解清楚后再对按钮进行复原装配。

2.1.4　任务考核

针对考核任务，相应的考核评分细则如表 2.1.3 所示。

低压领域低压
电器选型

表 2.1.3　评分细则

序号	考核内容	考核项目	配分	评分标准	得分
1	低压电器的识别	外形识别；功能作用	70 分	(1)能正确识别(40 分)； (2)功能用法正确(30 分)	
2	组合按钮拆卸、装配	拆卸步骤正确；工艺熟练；了解触头的结构特点；爱护公物器件；操作严谨细致	30 分	(1)拆装方法、步骤正确，未遗失零件和损坏元件，能装配复原(10 分)； (2)观察和检测触头仔细、正确，并能简述触头的特点(20 分)	
3	安全文明生产			违反安全文明生产酌情扣分，严重者停止实训	
合计			100 分		

注：每项内容的扣分不得超过该项的配分。任务结束前，填写、核实制作和维修记录单并存档。

2.1.5　思考与练习

① 什么是低压电器？其主要作用是什么？简述其基本结构组成。

② 简述低压电器常见故障现象、故障原因及故障处理方法。

③ 简述常用低压电器的主要分类方法及意义，并举例说明。

任务 2.2　安装与检修低压开关

2.2.1　任务分析

开关是最普通、使用最早的电器。其作用是分合电路、开断电流。常用的有刀开关、隔离开关、负荷开关、转换开关（组合开关）、自动空气开关（空气断路器）等。低压开关广泛应用于配电系统和电力拖动控制系统，用来接通和断开正常工作电流、过负荷电流或短路电流，用以电源的隔离、电气设备的控制。通过对低压开关的学习，为后续在电气控制线路中正确选用低压开关打下基础。

2.2.2　相关知识

低压开关主要作隔离、转换、接通和分断电路用，多数用作机床电路的电源开关和局部照明电路的控制开关，有时也可用于直接控制小容量电动机的启动、停止和正反转。

低压开关一般为非自动切换电器，常用的主要类型有刀开关、转换开关和低压断路器。

2.2.2.1　刀开关

刀开关又称闸刀开关，它是结构最简单、应用最广泛的一种低压手动电器。一般用于不需要经常切断与闭合的交、直流低压电路。在额定电压下，其工作电流不能超过额定值。在机床上，刀开关主要用作电源开关。它一般不用来接通或切断电动机的工作电流。刀开关适用于交流 50Hz、500V 以下小电流电路中，主要作为一般电灯、电阻和电热等回路的控制开关用；三相开关适当降低容量后，可作为容量小于 7.5kW 异步电动机的手动不频繁操作控制开关，并具有短路保护作用。刀开关是严禁带负荷操作的，没有灭弧装置，容易拉弧。

视频扫一扫
闸刀开关拆解

　　如图 2.2.1 所示，刀开关由闸刀（动触点）、静插座（静触点）、手柄和绝缘底板等组成。依靠手动来完成闸刀插入静插座或脱离静插座的操作。刀开关的种类很多，按极数（刀片数）分为单极、双极和三极；按结构分为平板式和条架式；按操作方式分为直接手柄操作式、杠杆操作机构式和电动操作机构式；按转换方向分为单投和双投等。

　　刀开关常用的产品有 HK 系列开启式负荷开关（又称瓷底胶盖刀开关）、HH 系列封闭式负荷开关（又称铁壳开关），HH 系列开关附有熔断器。刀开关额定电压为 500V，额定电流有 10A、15A、30A、60A、100A、200A、400A、600A、1000A 几种。

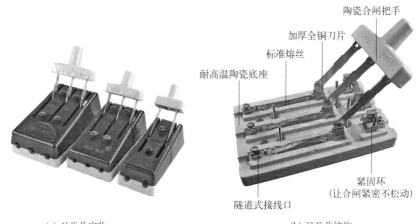

(a) 刀开关实物　　　　　　　　　　　　　(b) 刀开关结构

图 2.2.1　刀开关

视频扫一扫
电工必懂接线颜色

（1）瓷底胶盖刀开关

　　瓷底胶盖刀开关结构简单、价格低廉、应用维修方便，常用作照明电路的电源开关，也可用于 5.5kW 以下电动机作不频繁启动和停止控制。图 2.2.2 所示为刀开关单极、双极、三极图形符号和文字符号，图 2.2.3 所示为不带熔断器刀开关和带熔断器刀开关外形，图 2.2.4 所示为三极负荷开关图形符号和文字符号。

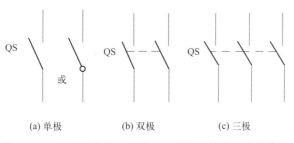

(a) 单极　　　　　　(b) 双极　　　　　　(c) 三极

图 2.2.2　刀开关单极、双极、三极图形符号和文字符号

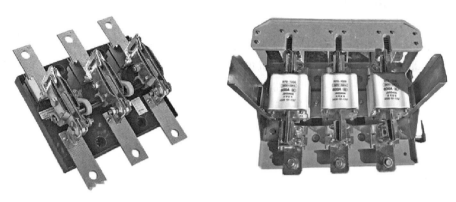

(a) 不带熔断器刀开关　　　　　　　　　(b) 带熔断器刀开关

图 2.2.3　不带熔断器刀开关和带熔断器刀开关外形

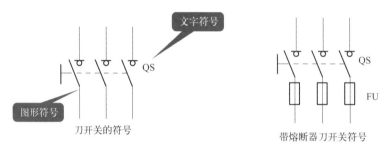

图 2.2.4　三极负荷开关图形符号和文字符号

① 胶盖刀开关的型号和技术参数。应用较广泛的胶盖刀开关为 HK 系列，其型号含义如图 2.2.5 所示。

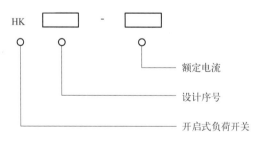

图 2.2.5　HK 系列胶盖刀开关型号含义

表 2.2.1 所示为 HK1 系列开启式负荷开关的基本技术参数。

表 2.2.1　HK1 系列开启式负荷开关基本技术参数

型号	极数	额定电流 /A	额定电压 /V	可控制电动机最大容量/kW		熔丝线径 ϕ/mm
				220V	380V	
HK1-15	2	15	220	—	—	1.45～1.59
HK1-30	2	30	220	—	—	2.30～2.52

续表

型号	极数	额定电流/A	额定电压/V	可控制电动机最大容量/kW		熔丝线径 φ/mm
				220V	380V	
HK1-60	2	60	220	—	—	3.36～4.00
HK1-15	3	15	380	1.5	2.2	1.45～1.59
HK1-30	3	30	380	3.0	4.0	2.30～2.52
HK1-60	3	60	380	4.5	5.5	3.36～4.00

② 胶盖刀开关的选用。

a. 对于普通负载，选用的额定电压为 220V 或 250V，额定电流不小于电路最大工作电流。对于电动机，选用的额定电压为 380V 或 500V，额定电流为电动机额定电流的 3 倍。

b. 在一般照明线路中，瓷底胶盖刀开关的额定电压大于或等于线路的额定电压，常选用 220V、250V；而额定电流等于或稍大于线路的额定电流，常选用 10A、15A、30A。

③ 胶盖刀开关的安装和使用注意事项。

a. 胶盖刀开关必须垂直安装在控制屏或开关板上，不能倒装，即接通状态时手柄（瓷柄）朝上，否则有可能在分断状态时闸刀开关松动落下，造成误接通。

b. 安装接线时，刀闸上桩头接负载电源进线，下桩头接负载电源出线。接线时进线和出线不能接反，否则在更换熔断丝时会发生触电事故。刀开关产品接线如图 2.2.6 所示。

产品接线示意图：红线为火线，蓝线为零线

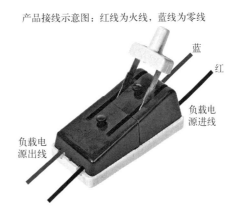

图 2.2.6　刀开关产品接线

c. 操作胶盖刀开关时，不能带重负载，因为 HK 系列瓷底胶盖刀开关不设专门的灭弧装置，它仅利用胶盖的遮护防止电弧灼伤。

d. 如果要带一般性负载操作，动作应迅速，使电弧较快熄灭，一方面不易灼伤人身，另一方面也能减少电弧对动触头和静插座的损坏。

(2) 铁壳开关

铁壳开关又叫封闭式负荷开关，具有通断性能好、操作方便、使用安全等优点。铁壳开关主要用于各种配电设备中手动不频繁接通和分断负载的电路。交流 380V、60A 及以下等级的铁壳开关还可用作 15kW 及以下三相交流电动机的不频繁接通和分断控制。它的基本结构是在铸铁壳内装有由刀片和夹座组成的触点系统、熔断器和速断弹簧，30A 以上的还装有灭弧罩。铁壳开关的外形及结构如图 2.2.7 所示。

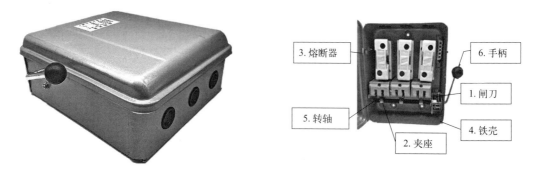

图 2.2.7 铁壳开关的外形及结构

① 型号及其含义。常用铁壳开关为 HH 系列，其型号含义如图 2.2.8 所示。

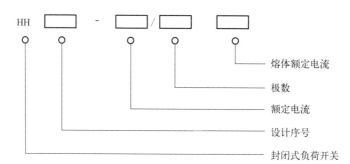

图 2.2.8 HH 系列铁壳开关型号含义

② 铁壳开关的选用。

a. 铁壳开关用来控制感应电动机时，应使开关的额定电流为电动机满载电流的 3 倍以上；用来控制启动不频繁的小型电动机时，可按表 2.2.2 进行选择。

表 2.2.2 HH 系列封闭式负荷开关与可控电动机容量的配合

额定电流 /A	可控电动机最大容量/kW		
	220V	380V	500V
10	1.5	2.7	3.5
15	2.0	3.0	4.5
20	3.5	5.0	7.0
30	4.5	7.0	10
60	9.5	15	20

b. 选择熔断丝时，要使熔断丝的额定电流为电动机额定电流的 1.5～3.5 倍。更换熔丝时，管内石英砂应重新调整再使用。

③ 铁壳开关的安装和使用注意事项。

a. 为了保障安全，开关外壳必须连接良好的接地线。

b. 接开关时，要把接线压紧，以防烧坏开关内部的绝缘。

c. HH 系列开关装有速动弹簧，弹力使闸刀快速从夹座拉开或嵌入夹座，提高灭弧效果。为了保证用电安全，在铁壳开关铁质外壳上装有机构联锁装置。当壳盖打开时，不能合闸；合闸后，壳盖不能打开。

d. 安装时，先预埋固定件，将木质配电板用紧固件固定在墙壁或柱子上，再将铁壳开关固定在木质配电板上。

e. 铁壳开关应垂直于地面安装，其安装高度以手动操作方便为宜，通常在 1.3～1.5m 左右。

f. 铁壳开关的电源进线和开关的输出线，都必须经过铁壳开关的进出线孔。100A 以下的铁壳开关，电源进线应接开关的下接线桩，出线接开关上接线桩。100A 以上的铁壳开关接线则与此相反。安装接线时应在进出线孔处加装橡胶垫圈，以防尘土落入铁壳内。

g. 操作时，必须注意不得面对铁壳开关拉闸或合闸，一般用左手操作合闸。若更换熔丝，必须在拉闸后进行。

表 2.2.3 为 HH 系列封闭式负荷开关的主要技术数据。

表 2.2.3　HH 系列封闭式负荷开关的主要技术数据

产品型号	额定工作电压 /V	额定工作电流 /A	额定限制短路电流 /kA	额定绝缘电压 /V	额定发热电流 /A	额定耐受电压 /kV	使用类别
HH3-60	380	60	3	690	60	8	AC-22A
HH3-100	380	100	4	690	100	8	AC-22A
HH3-200	380	200	6	690	200	8	AC-22A
HH3-300	380	300	7.5	690	300	8	AC-23A
HH3-400	380	400	9	690	400	8	AC-23A
HH3-500	380	500	10	415	500	8	AC-22B
HH3-600	380	600	10	415	600	8	AC-22B
HH4-15	380	15	3	415	15	6	AC-22B
HH4-30	380	30	3	415	30	6	AC-22B
HH4-60	380	60	3	415	60	6	AC-22B
HH4-100	380	100	4	415	100	6	AC-22B

2.2.2.2 转换开关

转换开关又称组合开关，属于刀开关类型，其结构特点是用动触片的左右旋转代替闸刀上下分合操作，有单极、双极和多极之分。

视频扫一扫
转换组合开关拆解

转换开关多用于不频繁接通和断开的电路，或无电切换电路，如用作机床照明电路的控制开关，或 5kW 以下小容量电动机的启动、停止和正反转控制。转换开关有许多系列，常用的型号有 HZ 等系列，如 HZ1、HZ2、HZ4、HZ5 和 HZ10 等。其中 HZ1～HZ5 是已淘汰的产品，HZ10 系列是全国统一设计产品，具有寿命长、使用可靠、结构简单等优点。

(1) 转换开关的结构及工作原理

图 2.2.9 所示的是转换开关的外形、图形符号。

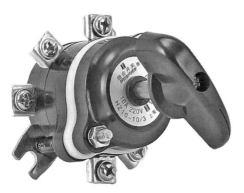

(a) HZ10系列转换开关

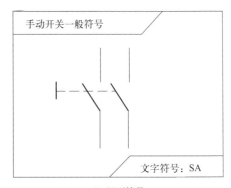

手动开关一般符号

文字符号：SA

(b) 图形符号

图 2.2.9　转换开关

转换开关有三对触头，手柄每次转动 90°，带动三对触头接通或者断开，即手柄转动的同时带动触片转动，使触头接通或断开。HZ10-10/3 型转换开关结构图如图 2.2.10 所示。

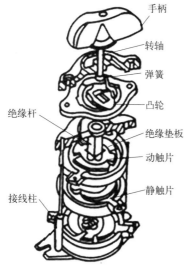

手柄
转轴
弹簧
凸轮
绝缘杆
绝缘垫板
动触片
静触片
接线柱

视频扫一扫
转换组合开关组装

图 2.2.10　HZ10-10/3 型转换开关结构

它共有三副静触片，每一副静触片的一边固定在绝缘垫板上，另一边伸出盒外并附有接线柱，供电源和用电设备接线。三个动触片装在另外的绝缘垫板上，垫板套在附有手柄的绝缘杆上。手柄每次能沿任一方向旋转 $90°$，并带动三个动触片分别与之对应的三副静触片保持接通或断开。在开关转轴上也装有扭簧储能装置，使开关的分合速度与手柄动作速度无关，有效地抑制电弧过大。

(2) 转换开关的型号及技术参数

HZ10 系列转换开关额定电压为直流 220V、交流 380V，额定电流有 6A、10A、25A、60A、100A 等 5 个等级，极数有 1~4 极。表 2.2.4 给出了 HZ10 系列转换开关的额定电压及额定电流。

表 2.2.4　HZ10 系列转换开关的额定电压及额定电流

型号	极数	额定电流/A	额定电压/V	
			直流	交流
HZ10-10	2、3	5、10		
HZ10-25	2、3	25	220	380
HZ10-60	2、3	60		
HZ10-100	2、3	100		

(3) 转换开关的选用

① 转换开关应根据电源种类、电压等级、所需触头数、电动机的容量进行选择。

② 用于照明或电热负载时，转换开关的额定电流应等于或大于被控制电路中各负载额定电流之和。

③ 用于电动机负载时，转换开关的额定电流一般为电动机额定电流的 1.5~3.5 倍。

(4) 转换开关的安装和使用注意事项

① 转换开关应固定安装在绝缘板上，周围要留一定的空间便于接线。

② 操作时频率不要过高，一般每小时的转换次数不宜超过 15~20 次。

③ 用于控制电动机正反转时，必须使电动机完全停止转动后，才能接通电动机反转的电路。

④ 由于转换开关本身不带过载保护和短路保护，使用时必须另设其他保护电器。

⑤ 当负载的功率因数较低时，应降低转换开关的容量使用，否则会影响开关的寿命。

2.2.2.3　低压断路器

低压断路器又称自动空气开关或自动空气断路器，主要用于低压动力线路中起过载保护、短路保护、失压保护等作用，当电路发生短路故障时，它的电磁脱扣器自动脱扣进行短路保护，直接将三相电源同时切断，保护电路和用电设备的安全。在正常情况下也可用作不频繁地接通和断开电路或控制电动机。

(1) 断路器分类

① 万能式（又称框架式，简称 ACB）：用于从变压器低压端出来的一级配电。其壳架等级有 1600A、2000A、3200A、4000A、6300A，额定电流范围在 200~6300A。

② 塑壳式(简称 MCCB)：常用于二级配电，例如楼层总开、动力箱等。壳架等级有 125A、160A、250A、400A、800A，额定电流范围在 800A。

③ 小型断路器（简称 MCB）、漏电断路器（简称 RCBO）：用于配电回路的末端，壳架等级最大为 125A，其中额定电流 16～63A 规格的比较常见。

低压断路器常用的塑壳式低压断路器有 DZ5、DZ10、DZ20 等系列，其中 DZ20 为统一设计的新产品；框架式有 DW10、DW15 两个系列。如图 2.2.11 所示为几种常见低压断路器的外形。塑壳式低压断路器的特点是外壳用绝缘材料制作，具有良好的安全性，广泛用于电气控制设备及建筑物内作电源线路保护及对电动机进行过载和短路保护。框架式低压断路器为敞开式结构，适用于大容量配电装置。

(a) 微型断路器　　　　　(b) 塑壳式断路器　　　　　(c) 万能式断路器

图 2.2.11　低压断路器外形

(2) 低压断路器的结构及工作原理

低压断路器主要由三个基本部分组成：触头、灭弧系统和各种脱扣器。脱扣器包括过电流脱扣器、失压（欠电压）脱扣器、热脱扣器、分励脱扣器和自由脱扣器。图 2.2.12 是低

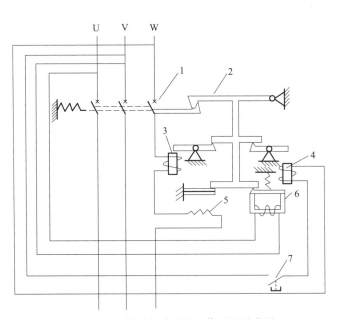

图 2.2.12　低压断路器的工作原理示意图

1—主触头；2—自由脱扣机构；3—过电流脱扣器；4—分励脱扣器；5—热脱扣器；6—失压脱扣器；7—按钮

压断路器的工作原理示意图。低压断路器是靠操动机构手动或电动合闸的，触头闭合后，自由脱扣机构将触头锁在合闸位置上。当电路发生故障时，通过各自的脱扣器使自由脱扣机构动作，自动跳闸，实现保护作用。

① 过电流脱扣器。当流过断路器的电流在整定值以内时，过电流脱扣器（3）所产生的吸力不足以吸动衔铁。当电流超过整定值时，磁场的吸力克服弹簧的拉力，拉动衔铁，使自由脱扣机构动作，断路器跳闸，实现过电流保护。

② 失压脱扣器。失压脱扣器（6）的工作原理与过电流脱扣器恰恰相反。当电源电压为额定电压时，失压脱扣器产生的磁力足以将衔铁吸合，使断路器保持在合闸状态。当电压下降到低于整定值或降到零时，在弹簧的作用下衔铁释放，自由脱扣机构动作而切断电源。

③ 热脱扣器。热脱扣器（5）的作用与热继电器相同。

④ 分励脱扣器。分励脱扣器（4）用于远距离操作。在正常工作时，其线圈是断电的，在需要远方操作时，按下按钮（7），使线圈通电，其电磁机构使自由脱扣机构动作，断路器跳闸。低压断路器的图形符号和文字符号如图 2.2.13 所示。

(a) 单极断路器图形符号和文字符号　　　(b) 三极断路器图形符号和文字符号

图 2.2.13　低压断路器的图形符号和文字符号

(3) 低压断路器的选用

选用低压断路器，一般应遵循以下原则。

① 额定电压和额定电流应不小于线路的额定电压和计算负载电流。

② 低压断路器的极限通断能力不小于线路中最大的短路电流。

③ 线路末端单相对地短路电流÷低压断路器瞬时（或短延时）脱扣整定电流≥1.25。

④ 脱扣器的额定电流不小于线路的计算电流。

⑤ 欠压脱扣器的额定电压等于线路的额定电压。

(4) DZ47-60 小型断路器的使用

DZ47-60 小型断路器（简称断路器）主要用于交流 50Hz/60Hz，单极 230V，二、三、四极 400V，电流至 60A 的线路中起过载保护、短路保护之用，同时也可以在正常情况下不频繁地通断电气装置和照明线路，尤其适用于工业和商业的照明配电系统，目前在工厂和家庭中得到了广泛的应用。

① DZ47-60 小型断路器。产品型号规格及含义如图 2.2.14 所示。

② 分类。

a. 按额定电流分，有 1A、2A、3A、4A、5A、6A、10A、15A、16A、20A、25A、32A、40A、50A、60A 共 15 种。

b. 按极数分，有单极、二极、三极、四极 4 种。

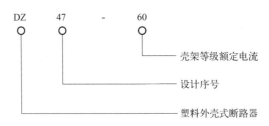

图 2.2.14   DZ47-60 小型断路器产品型号规格及含义

c. 按瞬时脱扣器的型式分：B 型为照明保护型；C 型为照明保护型；D 型为动力保护型。

③ 主要结构及工作原理。

a. 断路器主要由外壳、操作机构、瞬时脱扣器、灭弧装置等组成。断路器动触头只能停留在闭合或断开位置；多极断路器的动触头应机械联动，各极能基本同时闭合或断开；垂直安装时，手柄向上运动时，触头向闭合方向运动。

b. 断路器的工作原理：当断路器手柄扳向指示 ON 位置时，通过机械机构带动动触头靠向静触头并可靠接触，使电路接通；当被保护线路发生过载故障时，故障电流使热双金属元件弯曲变形，推动杠杆使得锁定机械复位，动触头移离静触头，从而实现分断线路的功能；当被保护线路发生短路故障时，故障电流使得瞬时脱扣机构动作，铁芯组件中的顶杆迅速顶动杠杆使锁定机构复位，实现分断线路的功能。

④ 主要技术参数。

DZ47-60 小型断路器的主要技术参数见表 2.2.5。

表 2.2.5   DZ47-60 小型断路器的主要技术参数

额定电流 /A	极数	额定电压 /V	额定短路通断能力	
			预期电流/A	功率因数
C1～C40	单极	230/400	6000	0.65～0.70
	二极、三极、四极	400		
C50～C60、D1～D60	单极	230/400	4000	0.75～0.80
	二极、三极、四极	400		

⑤ 安装注意事项。

a. 严禁在断路器出线端进行短路测试。

b. 断路器安装时应使手柄在下方（标志正面朝上），使得手柄向上运动时，触头向闭合方向运动。

c. 为与断路器额定电流相匹配，连接铜导线标称截面积如表 2.2.6 所示。

表 2.2.6   连接铜导线标称截面积

额定电流 I_n/A	1、2、3、4、5、6	10	15、16、20	25	32	40、50	60
标称铜导线截面积/mm²	1	1.5	3.5	4	6	10	16

⑥ 订货规范。订购断路器时须标明下列内容。

a. 产品型号和名称，如 DZ47-60 小型断路器。

b. 瞬时脱扣器型式和额定电流，如 C25（照明保护型，额定电流 25A）。

c. 断路器极数，如 2 极。

d. 订货数量。

订货举例：DZ47-60，C10，小型断路器，2 极，80 台。

2.2.3　任务实施

2.2.3.1　任务要求

能正确掌握刀开关的安装与检修方法；学会低压断路器的安装方法。

2.2.3.2　仪器、设备、元器件及材料

所需元件如表 2.2.7 所示。

表 2.2.7　元件表

序号	名称	型号与规格	数量	备注
1	刀开关	HK 系列	1 只	胶盖式
2	开关箱		1 个	
3	万用表	MF47 型或其他	1 个	
4	低压断路器	DZ5-20 或其他	1 只	

2.2.3.3　任务原理与说明

刀开关起着分合电路、开断电流的作用，有明显的断开点，以保证电气设备检修人员的安全。

低压断路器在正常条件下，用于不频繁地接通和断开电路，以及控制电动机。当发生严重的过载、短路或欠电压等故障时能自动切断电路。它是低压配电线路应用非常广泛的一种开关电器。

2.2.3.4　任务内容及步骤

(1) 刀开关的安装

① 在安装开启式负荷开关时，必须将开关垂直安装在控制屏或开关箱（板）上，手柄向上为合闸，向下为断闸，不得倒装，如图 2.2.15 所示。否则，在分断状态下，若刀开关松动脱落，造成误接通，会引起安全事故。

② 刀开关接线时，电源进线应接在刀座上端，负载引线接在下方，熔断器接在负荷侧，否则，在更换熔丝时容易发生触电事故。

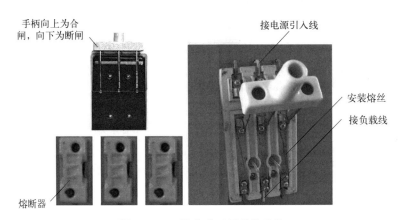

图 2.2.15　胶盖式刀开关的安装

③ 接线应拧紧，否则会引起过热，影响正常运行。开关距离地面的高度为 1.3～1.5m，在有行人通过的地方，应加装防护罩。同时，刀开关在接、拆线时，应首先断电。

④ 封闭式负荷开关装有灭弧装置，有一定的灭弧能力。因此，应进行保护接零或接地。

(2) 刀开关的检修

① 检查刀开关导电部分有无发热、动静触头有无烧损及导线（体）连接情况，遇有非正常情况时，应及时修复。

② 用万用表欧姆挡检查动静触头有无接触不良，对为金属外壳的开关，要检查每个触头与外壳的绝缘电阻。

③ 检查绝缘连杆、底座等绝缘部件有无烧伤和放电现象。

④ 检查开关操动机构各部件是否完好，动作是否灵活，断开、合闸时三相是否同时，是否准确到位。

⑤ 检查外壳内、底座等处有无熔丝熔断后造成的金属粉尘，若有，应清扫干净，以免降低绝缘性能。

(3) 低压断路器的安装

① 低压断路器一般应垂直安装，如图 2.2.16 所示。其操作手柄及传动杠杆的开、合位置应准确。对于有半导体脱扣器的低压断路器，其接线应符合相序要求，脱扣装置动作应可靠。直流快速低压断路器的极间中心距离及开关与相邻设备或建筑物的距离不应该小于500mm，若小于 500mm，要加隔弧板，隔弧板高度不小于单极开关的总高度。

② 安装时，应对触点的压力、开距及分断时间等进行检查，并要符合出厂技术条件。对脱扣装置必须按照设计要求进行校验，在短路或者模拟短路的情况下，合闸时，脱扣装置应能立即自动脱扣。

2.2.4　任务考核

针对考核任务，相应的考核评分细则参见表 2.2.8。

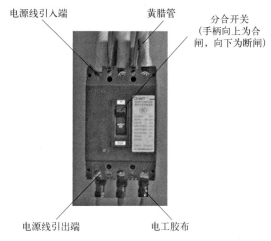

图 2.2.16　垂直安装低压断路器

表 2.2.8　评分细则

序号	考核内容	考核项目	配分	评分标准	得分
1	开启式负荷开关、封闭式负荷开关的结构	(1)刀开关的符号；(2)开启式负荷开关的结构；(3)封闭式负荷开关的结构	15分	(1)能够正确写出刀开关的图形符号及文字符号(5分)；(2)能够简述开启式负荷开关的结构(5分)；(3)能够简述封闭式负荷开关的结构(5分)	
2	转换开关的结构	转换开关的结构	10分	能够简述转换开关的结构及正确写出转换开关的图形符号和文字符号(10分)	
3	低压断路器的结构、工作原理与作用	(1)低压断路器的结构；(2)低压断路器的工作原理；(3)低压断路器的作用	20分	(1)能够简述低压断路器的结构(5分)；(2)能够描述低压断路器的工作原理(10分)；(3)能够说明低压断路器的作用(5分)	
4	刀开关的选用、安装及维修	(1)刀开关的选用；(2)刀开关的安装；(3)刀开关的维修	30分	(1)能够简述刀开关的选用原则(10分)；(2)能够阐述刀开关的安装方法(10分)；(3)能够简述刀开关的维修方法(10分)	
5	转换开关的选用及安装	(1)转换开关的选用；(2)转换开关的安装	10分	(1)能够简述转换开关的选用原则(5分)；(2)能够阐述转换开关的安装方法(5分)	
6	低压断路器的选用及安装	(1)低压断路器的选用；(2)低压断路器的安装	15分	(1)能够简述低压断路器的选用原则(10分)；(2)能够阐述低压断路器的安装方法(5分)	
7	安全文明生产			违反安全文明操作规程酌情扣分	
合计			100分		

注：每项内容的扣分不得超过该项的配分。任务结束前，填写、核实制作和维修记录单并存档。

2.2.5 思考与练习

① 常用的刀开关有哪几种？它们的主要作用是什么？

② 试说出转换开关的特点。如果用转换开关来控制电动机，应注意什么问题？

③ 自动开关具有哪些保护功能？如何选用？

④ 刀开关合闸后，一相或两相没电，试分析可能产生的原因。

⑤ 有人发现封闭式负荷开关的操作手柄带电，试分析其产生的原因。

⑥ 电源合闸时，手动操作断路器而不能合闸，试分析其可能产生的原因。

 # 任务 2.3　使用与检查熔断器

视频扫一扫
熔断器拆装

2.3.1 任务分析

熔断器是基于电流热效应原理和发热元件热熔断原理而设计的，具有一定的瞬动特性，主要用作电路的短路保护。通过对熔断器知识的学习，为后续电气控制线路中正确选择短路保护器件奠定基础。

2.3.2 相关知识

熔断器是基于电流热效应原理和发热元件热熔断原理而设计的，它串联在电路中。当电路或电气设备发生过载和短路故障时，熔断器的熔体首先熔断，切断电源，起到保护线路和电气设备的作用，它属于保护电器。

熔断器是当电流超过限定时，使熔体熔化来分断电路的一种用于过载保护和短路保护的电器。当电网或用电设备发生过载或短路时，熔体能自身熔化分断电路，避免由过电流的热效应及电动力引起的对电网和用电设备的损坏，并防止事故蔓延。熔断器的最大特点是结构简单、体积小、重量轻、使用维护方便、价格低廉，具有很大的经济意义，又由于它的可靠性高，故无论在强电系统或弱电系统中都获得了广泛应用。

2.3.2.1 熔断器的结构

熔断器在结构上主要由熔断管（或盖、座）、熔体及导电部分等组成。其中熔体是主要部分，它既是感测元件又是执行元件。熔断管一般由硬质纤维或瓷质绝缘材料制成半封闭式或封闭式管状外壳，熔体则装于其内。熔断管的作用是便于安装熔体和有利于熔体熔断时熄灭电弧。熔体由不同金属材料（铅锡合金、锌、铜或银等）制成丝状、带状、片状或笼状。常见熔断器的外形如图 2.3.1 所示，结构及图形符号如图 2.3.2 所示。

2.3.2.2 熔断器的型号

常用熔断器的型号含义如图 2.3.3 所示。

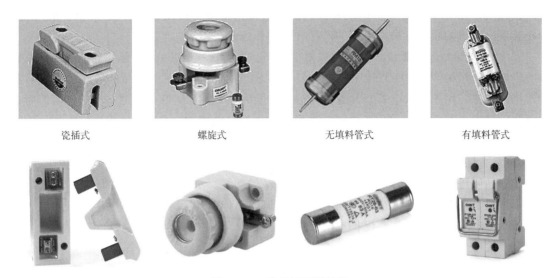

图 2.3.1　常见熔断器外形

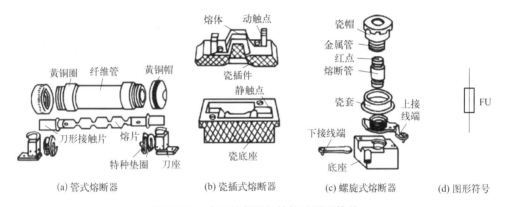

(a) 管式熔断器　　(b) 瓷插式熔断器　　(c) 螺旋式熔断器　　(d) 图形符号

图 2.3.2　常见熔断器的结构及图形符号

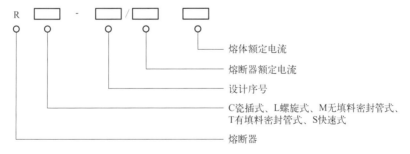

图 2.3.3　常见熔断器的型号含义

2.3.2.3　熔断器的分类

熔断器的种类很多，按结构来分，有半封闭插入式、螺旋式、无填料密封管式和有填料密封管式；按用途来分，有快速熔断器和特殊熔断器（如具有两段保护特性的快慢动作熔断器、自复式熔断器等）。

① 瓷插式熔断器。瓷插式熔断器结构简单、价格低廉、更换熔丝方便，广泛用作照明和小容量电动机的短路保护。常用的产品有 RC1A 系列。

② 螺旋式熔断器。螺旋式熔断器主要由瓷帽、熔断管（熔芯）、瓷套、上下接线桩及底座等组成。常用的产品有 RL1、RL6、RL7、RLS2 等系列。该系列产品的熔管内装有石英砂或惰性气体，用于熄灭电弧，具有较高的分断能力，并带有熔断指示器，当熔体熔断时指示器自动弹出。其中 RL1、RL6、RL7 多用于机床配电线路中；RLS2 为快速熔断器，主要用于保护电力半导体器件。

③ 无填料密封管式熔断器。常用的无填料密封管式熔断器为 RM 系列，主要由熔断管、熔体和静插座等部分组成，具有分断能力强、保护性好、更换熔体方便等优点，但造价较高。无填料密封管式熔断器适用于额定电压交流 380V 或直流 440V 的各电压等级的电力线路及成套配电设备中，作短路保护或防止连续过载用。

RM 系列无填料密封管式熔断器有 RM1、RM3、RM7、RM10 等系列产品。为了保证这类熔断器的保护功能，当熔管中的熔体熔断三次后，应更换新的熔管。

④ 有填料密封管式熔断器。使用较多的有填料密封管式熔断器为 RT 系列。其主要由熔管、触刀（熔体）、夹座、底座等部分组成。它具有极限断流能力大（可达 50kA）、使用安全、保护特性好、带有明显的熔断指示器等优点；缺点是熔体熔断后不能单独更换，造价较高。有填料密封管式熔断器适用于交流电压 380V、额定电流 1000A 以内的高短路电流的电力网络和配电装置中，作为电路、电动机、变压器及电气设备的过载与短路保护。

RT 系列有填料密封管式熔断器有螺栓连接的 RT12、RT15 系列和圆筒形帽熔断器 RT14、RT19 系列等。

2.3.2.4　熔断器的选用

① 熔断器的类型应根据使用场合及安装条件进行选择。电网配电一般用管式熔断器，电动机保护一般用螺旋式熔断器，照明电路一般用瓷插式熔断器，保护晶闸管则应选择快速熔断器。

② 熔断器的额定电压必须大于或等于线路的电压。

③ 熔断器的额定电流必须大于或等于所装熔体的额定电流。

④ 合理选择熔体的额定电流。对于变压器、电炉和照明等负载，熔体的额定电流应约大于线路负载的额定电流；对于一台电动机负载的短路保护，熔体的额定电流应大于或等于 1.5~3.5 倍电动机额定电流；对于几台电动机同时保护，熔体的额定电流应大于或等于其中最大容量的一台电动机额定电流的 1.5~3.5 倍加上其余电动机额定电流的总和；对于降压启动的电动机，熔体的额定电流应等于或略大于电动机的额定电流。

2.3.2.5　熔断器的安装及使用注意事项

① 安装前检查熔断器的型号、额定电流、额定电压、额定分断能力等参数是否符合规定要求。

② 安装熔断器除保证足够的电气距离外，还应保证足够的间距，以便于拆卸、更换熔体。

③ 安装时应保证熔体和触刀，以及触刀和触刀之间接触紧密可靠，以免接触处发热，使熔体温度升高，发生误熔断。

④ 安装熔体时必须保证接触良好，不允许有机械损伤，否则准确性将大大降低。

⑤ 熔断器应安装在各相线上，三相四线制电源的中性线上不得安装熔断器，而单相两线制的零线上应安装熔断器。

⑥ 瓷插式熔断器安装熔丝时，熔丝应顺着螺钉旋紧方向绕过去，同时应注意不要划伤熔丝，也不要把熔丝绷紧，以免减小熔丝截面尺寸或绷断熔丝。

⑦ 安装螺旋式熔断器时，必须将用电设备的连接线接到金属螺旋壳的上接线端，电源线接到瓷底座的下接线端（即低进高出的原则），使旋出瓷帽更换熔断管时金属壳上不带电，以确保用电安全。

⑧ 更换熔体前，必须先断开电源，一般不应带负载更换熔体，以免发生危险。

⑨ 在运行中应经常注意熔断器的指示器，以便及时发现熔体熔断，防止缺相运行。

⑩ 更换熔体时，必须注意新熔体的规格尺寸、形状应与原熔体相同，不能随意更换，更不可以用铜丝或铁丝代替。

2.3.2.6 快速熔断器

快速熔断器是有填料密封管式熔断器，它具有发热时间常数小、熔断时间短、动作迅速等特点，主要用于半导体元件和整流装置的短路保护。其主要型号有 RS0、RS3、RS14 和 RLS2 等系列。

由于半导体元件的过载能力很低，只能在极短的时间内承受较大的过载电流，因此要求短路保护器件具有快速熔断能力。快速熔断器的结构与有填料密封管式熔断器基本相同，但熔体材料和形状不同，其熔体一般用银片冲制成有 V 形深槽的变截面形状，图 2.3.4 所示为快速熔断器的外形。

图 2.3.4 快速熔断器的外形

2.3.3 任务实施

2.3.3.1 任务要求

正确掌握熔断器型号的选择；熟练地对熔断器进行拆卸与组装，以加深对熔断器使用的认识。

2.3.3.2 仪器、设备、元器件及材料

所需元件见表 2.3.1。

表 2.3.1 元件表

序号	名称	型号与规格	数量	备注
1	螺钉旋具	75mm	1 套	一字型和十字型
2	熔断器	RC1A-10、RL1-60/30A、RM10 系列、RT0 系列	若干	
3	万用表	MF47 型或其他	1 个	
4	丝状熔体	20A、25A、30A	若干	长度 100cm
5	管状熔体	10A、15A、20A、25A、30A、35A	若干	
6	三相异步电动机	12kW、额定电流 25.3A、额定电压 380V	1 台	

2.3.3.3 任务原理与说明

在电气设备安装和维护时，只有正确选择熔断器的熔体和熔断管，才能保证线路和用电设备的正常工作，起到保护作用。

2.3.3.4 任务内容及步骤

(1) 熔断器的选择

① 熔断器类型的选择。选择熔断器的类型时，主要依据负载的保护特性和短路电流的大小。例如，用于保护照明和电动机的熔断器，一般是考虑它们的过载保护，这时，希望熔断器的熔化系数适当小些。所以容量较小的照明线路和电动机宜采用熔体为铅锌合金的 RC1A 系列熔断器。而大容量的照明线路和电动机，除过载保护外，还应考虑短路时分断短路电流的能力。若短路电流较小时，可采用熔体为锡质的 RC1A 系列或熔体为锌质的 RM10 系列熔断器。用于车间低压供电线路的保护熔断器，一般是考虑短路时的分断能力。当短路电流较大时，宜采用具有高分断能力的 RL1 系列熔断器。当短路电流相当大时，宜采用有限流作用的 RT0 及 RT12 系列熔断器。

② 熔体额定电流的选择。

a. 用于保护照明和电热设备的熔断器，因负载电流比较稳定，熔体的额定电流一般应等于或稍大于负载的额定电流，即

$$I_{re} \geq I_e$$

式中 I_{re} ——熔体的额定电流；

I_e ——负载的额定电流。

b. 用于保护单台长期工作电动机（即供电支线）的熔断器，考虑电动机启动时不应熔

断，即

$$I_{re} \geq (1.5 \sim 3.5) I_e$$

轻载启动或启动时间比较短时，系数可取近似 1.5；带重载启动或启动时间比较长时，系数可取近似 3.5。

c. 用于保护频繁启动电动机（即供电支线）的熔断器，考虑频繁启动时发热而熔断器也不应熔断，即

$$I_{re} \geq (3 \sim 3.5) I_e$$

式中　I_{re}——熔体的额定电流；

　　　I_e——电动机的额定电流。

d. 用于保护多台电动机（即供电干线）的熔断器，在出现尖峰电流时不应熔断。通常将其中容量最大的一台电动机启动，而其余电动机正常运行时出现的电流作为其尖峰电流。为此，熔体的额定电流应满足下述关系：

$$I_{re} \geq (1.5 \sim 3.5) I_{e,max} + \sum I_e$$

式中　$I_{e,max}$——多台电动机中容量最大的一台电动机额定电流；

　　　$\sum I_e$——其余电动机额定电流之和。

e. 为防止发生越级熔断，上、下级（即供电干、支线）熔断器间应有良好的协调配合，为此，应使上一级（供电干线）熔断器的熔体额定电流比下一级（供电支线）大 1~2 个级差。

③ 熔断器额定电压的选择。熔断器的额定电压应等于或大于线路的额定电压。

④ 熔断器的最大分断能力应大于被保护线路上的最大短路电流。

(2) 熔断器的拆卸

① 拧开瓷帽，取下瓷帽。在拧开瓷帽时，要用手按住瓷座。

② 取下熔芯，注意不要使上端红色指示器脱落。

(3) 熔断器的检查

① 检查熔断器有无破裂、损伤和变形现象，瓷绝缘部分有无破损。

② 检查熔断器的实际负载大小，看是否与熔体的额定值相匹配。

③ 检查熔体有无氧化、腐蚀或损伤，必要时应及时更换。

④ 检查熔断器接触是否紧密，有无过热现象。

⑤ 检查是否有短路、断路及发热变色现象。

(4) 熔断器的装配

熔断器的装配应按拆卸的逆顺序进行。装配时应保证接线端等处接触良好。螺旋式熔断器的电源进线端应接在底座中心端的下接线桩上，出线端接在上接线桩上。

2.3.4　任务考核

针对考核任务，相应的考核评分细则参见表 2.3.2。

表 2.3.2　评分细则

序号	考核内容	考核项目	配分	评分标准	得分
1	型号选择	(1)了解熔断器的分类; (2)了解各类熔断器的使用场合; (3)了解熔断器型号的选择步骤	50分	(1)能叙述熔断器的分类、结构和作用(10分); (2)熔断器型号的选择(20分); (3)熔断器熔体的选择(20分)	
2	螺旋式熔断器拆卸	(1)熔断器的结构; (2)熔断器的工作原理; (3)熔断器的维修	20分	(1)拆卸步骤及方法(10分); (2)熔断器的工作原理(5分); (3)熔断器的维修(5分)	
3	螺旋式熔断器装配	熔断器的装配方法	30分	(1)装配步骤及方法(25分); (2)熔断器熔体放置方法(5分)	
4	安全文明生产			违反安全文明操作规程酌情扣分	
合计			100分		

注：每项内容的扣分不得超过该项的配分。任务结束前，填写、核实制作和维修记录单并存档。

2.3.5　思考与练习

① 熔断器的主要作用是什么？其类型及常用产品有哪几种？

② 熔断器的选用原则是什么？在选用时应注意哪些事项？

③ 某公司有三间办公室，每间内装有 100W 白炽灯两盏，1600W 电热取暖器一台。问该公司配电板上熔断器内的熔体该如何选择？

④ 在安装了熔断器保护的电动机控制电路中，电动机启动瞬间熔体即熔断，试分析可能产生的原因。

 # 任务 2.4　使用主令电器

视频扫一扫
开关种类

2.4.1　任务分析

主令电器主要用来接通和切换控制电路，通过发布指令，达到对电力传动系统的控制或实现程序控制。通过对主令电器的学习、认识，为后续电气控制线路中合理选用主令电器奠定基础。

2.4.2　相关知识

主令电器是一种非自动切换的小电流开关电器，它在控制电路中的作用是发布命令去控制其他电器动作，以实现生产机械的自动控制。由于它专门发送命令或信号，故称主令电器，也称主令开关。

主令电器应用很广泛，种类繁多，最常见的有按钮开关、行程开关、万能转换开关和接近开关等。

2.4.2.1　按钮开关

按钮开关（简称按钮）是一种手按下即动作、手释放即复位的短时接通的小电流开关电器。它适用于交流电压 500V 或直流电压 440V，电流为 5A 及以下的电路中。一般情况下，它不直接操纵主电路的通断，而是在控制电路发出指令，通过接触器、继电器等电器去控制主电路，也可用于电气联锁等线路中。

按钮开关起接通和断开控制电路的作用，在电气自动控制电路中，常用于手动发出控制信号以控制接触器、继电器、电磁启动器等。按钮开关可完成启动、停止、正反转、变速以及互锁等基本控制。按钮开关通常有两对触点，当按下按钮，常闭触点断开，常开触点就会闭合。

(1)　结构及工作原理

按钮开关一般由按钮帽、复位弹簧、桥式动触点、静触点和外壳等组成，常见按钮的外形、结构及图形符号如图 2.4.1 所示。

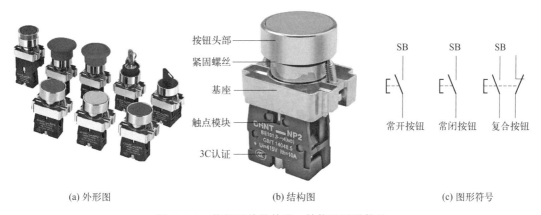

(a) 外形图　　　　　　　　　　(b) 结构图　　　　　　　　　(c) 图形符号

图 2.4.1　按钮开关的外形、结构及图形符号

按钮开关的工作原理是通过按下或松开来改变电路状态，从而实现对电气设备的控制。当按钮被按下时，按钮内部的弹簧会被压缩，使得按钮上的接触片和触点相互接触，电流得以通过，电气设备得到供电并开始运行；当按钮被松开时，弹簧恢复原状，接触片和触点分离，电路断开，电气设备停止运行。按钮开关的工作状态如图 2.4.2 所示。

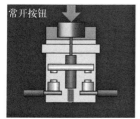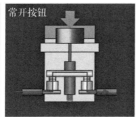

图 2.4.2　按钮开关的工作状态

按钮开关按照用途和触点的结构不同分为停止按钮（常闭按钮）、启动按钮（常开按钮）

及复合按钮（常开常闭组合按钮）三类，按钮触点类型见图 2.4.3。按钮的种类很多，常用的有 LA2、LA18、LA19 和 LA20 等系列。按钮帽有红、黄、蓝、白、绿、黑等颜色，可供值班人员根据颜色来辨别和操作。

接触类型	按钮未按之前	示意图	按钮按之后	示意图
 触点类型 一常开一常闭	▨ 绿色一路断开 ■ 红色一路闭合		▨ 绿色一路闭合 ■ 红色一路断开	

图 2.4.3　按钮触点类型

① 动合（常开）触点：当未按下按钮帽时，即正常状态下，触点是断开的，见图 2.4.4。当手指按下按钮帽时，触点 3-4 被接通；而手指松开后，按钮在复位弹簧的作用下自动复位断开。

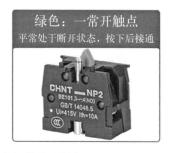

图 2.4.4　按钮的常开触点

② 动断（常闭）触点：当未按下按钮帽时，即正常状态下，触点是闭合的，见图 2.4.5。当手指按下按钮帽时，触点 1-2 被断开；而手指松开后，按钮在复位弹簧的作用下自动复位闭合。

图 2.4.5　按钮的常闭触点

③ 复合按钮：当未按下按钮帽时，即正常状态下，触点 1-2 是闭合的，而 3-4 是断开的。当手指按下按钮帽时，触点 1-2 首先被断开，而后 3-4 再闭合，有一个很小的时间差，

当手指松开按钮帽时，触点全部恢复原状态。按钮的常开常闭触点见图 2.4.6。

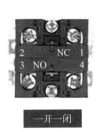

图 2.4.6　按钮的常开常闭触点

(2) 按钮接线方式

按钮的作用主要为瞬间信号触发，实现控制系统的运行或停止的功能。停止控制按钮常串联在控制回路的前端，启动按钮常串联在接触器、中间继电器的前端自锁控制点位置。利用触发产生常开、常闭开关量信号，从而控制继电回路，按钮接线方式见图 2.4.7。

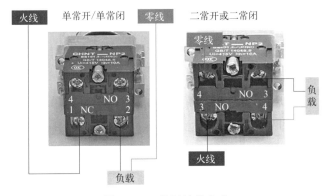

图 2.4.7　按钮接线方式

(3) 按钮的选用

① 根据使用场合选择按钮的种类。

② 根据用途选择合适的形式。

③ 根据控制回路的需要确定按钮数。

④ 按工作状态指示和工作情况要求选择按钮和指示灯的颜色。

(4) 按钮的安装和使用

① 将按钮安装在面板上时，应布置整齐，排列合理，可根据电动机启动的先后次序从上到下或从左到右排列。

② 按钮的安装固定应牢固，接线应可靠。应用红色按钮表示停止（急停按钮必须是红色蘑菇头式），绿色或黑色按钮表示启动或通电，不要认错。

③ 由于按钮触点间距较小，如有油污等容易发生短路故障，因此应保持触点的清洁。

④ 安装按钮的按钮板和按钮盒必须是金属的，并设法使它们与机床总接地母线相连接，对于悬挂式按钮必须设有专用接地线，不得借用金属管作为地线。

⑤ 带指示灯的按钮因灯泡发热、长期使用易使塑料灯罩变形，应降低灯泡电压，延长使用寿命。

2.4.2.2　行程开关

(1) 作用

行程开关又叫限位开关或位置开关，作用与按钮开关相同，只是其触点的动作是利用生产机械运动部件的碰撞，将机械信号变为电信号，达到接通或断开控制电路，实现一定控制要求的目的。通常，它用来限制机械运动的位置或行程，使运动机械按一定位置或行程自动停止、反向运动、变速运动或自动往返运动等。

(2) 外形、种类和结构

行程开关的外形如图 2.4.8 所示。行程开关由操作头、触点系统和外壳组成。按结构可分为按钮式（直动式）、旋转式（滚动式）和微动式三种。

图 2.4.8　行程开关的外形

行程开关的作用和工作原理与按钮开关相同，区别在于触点的动作不依靠手动操作，而是通过生产机械运动部件的碰撞碰压使触点动作［如图 2.4.9(a) 所示］，从而实现接通或分断控制电路，达到预定的控制目的。行程开关的图形符号如图 2.4.9(b) 所示。

单轮旋转式行程开关和双轮旋转式行程开关如图 2.4.10(a)、（b) 所示。

如图 2.4.10(c) 所示，当运动机械的挡铁压到行程开关的滚轮上时，杠杆 2 连同转轴 3 一起转动，使凸轮 4 推动撞块 5。当撞块被压到一定位置时，推动微动开关 7 快速动作，使其常闭触点分断，常开触点闭合；滚轮上的挡铁移开后，复位弹簧 8 使行程开关各部分恢复原始位置。这种单轮旋转式能自动复位。还有一种自动式行程开关也是依靠复位弹簧复位的。另有一种双轮旋转式行程开关不能自动复位，当挡铁碰压其中一个滚轮时，摆杆不会自动复位，触点也不动，当部件返回时，挡铁碰撞另一个滚轮，摆杆才回到原来的位置，触点又再次切换。

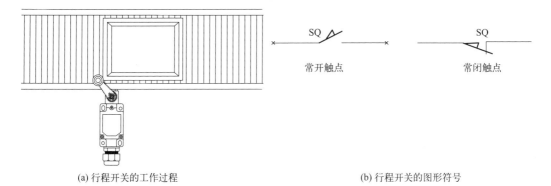

(a) 行程开关的工作过程　　　　　　　　　　　　　　(b) 行程开关的图形符号

图 2.4.9　行程开关的工作过程及图形符号

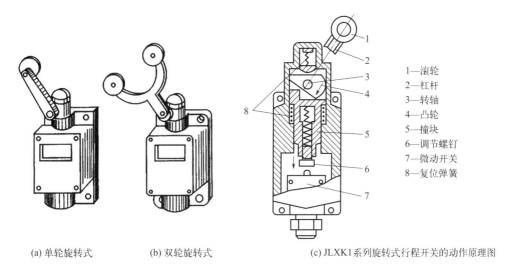

1—滚轮
2—杠杆
3—转轴
4—凸轮
5—撞块
6—调节螺钉
7—微动开关
8—复位弹簧

(a) 单轮旋转式　　　(b) 双轮旋转式　　　(c) JLXK1系列旋转式行程开关的动作原理图

图 2.4.10　旋转式行程开关外形及动作原理图

(3) 选用

可根据使用场合和控制电路的要求进行行程开关的选用。当机械运动速度很慢，且被控制电路中电流较大时，可选用快速动作的行程开关；如被控制的回路很多，又不易安装时，可选用带有凸轮的转动式行程开关；再有要求工作频率很高，可靠性也较高的场合，可选用晶体管式的无触点行程开关。常用的行程开关有 LX19 和 JLXK1 等系列产品。

2.4.2.3　万能转换开关

万能转换开关是多种配电设备的远距离控制开关，万能转换开关外形如图 2.4.11 所示。其主要用作控制电路的转换或功能切换，以及配电设备（高压油断路器、低压断路器等）的远距离控制；也可用作电压表、电流表的换向开关；还可用于控制伺服电动机和 5.5kW 及以下三相异步电动机的直接控制（启动，正、反转，及多速电动机的变速）。由于这种开关触点数量多，因而

图 2.4.11　万能转换开关外形

可同时控制多条控制电路，用途较广，故称为万能转换开关。

使用万能转换开关控制电动机的主要缺点是没有过载保护，因此它只能用于小容量电动机上。万能转换开关的手柄形式有旋钮式、普通式、带定位钥匙式和带信号灯式等。万能转换开关的常用型号有 LW2、LW4、LW5、LW6、LW8 等系列。其中 LW5 的触点系统有 1～16、18、21、24、27、30 挡等 21 种。16 挡及以下者为单列，每层只能接换一条线路；18 挡及以上为三列，一层可接换三条线路。其手柄有 0 位、左转 45°及右转 45°三个位置，分别对应于电动机的停止、正转和反转三种运行状态。

万能转换开关由凸轮机构、触点系统和定位装置等主要部件组成，并用螺栓组装成整体。依靠凸轮转动，用变换半径来操作触点，使其按预定顺序接通与分断电路，同时由定位机构和限位机构来保证动作的准确可靠。凸轮是用尼龙或耐磨塑料压制而成，其工作位置有 90°、60°、45°、30°四种。触点系统多为双断口桥式结构。定位装置采用滚轮卡棘轮的辐射形机构。万能转换开关在电路图中的图形符号如图 2.4.12(a) 所示。各层触点在不同位置时的开、合情况如图 2.4.12(b) 所列，可供使用者在安装和维修时查对。图 2.4.12(a) 中"——○ ○——"代表一路触点，每一根竖点画线表示手柄位置，在某一位置该哪路接通，即用下方的黑点表示。在图 2.4.12(b) 的触点通断表中，在 I 或 II 位置，凡有"×"者表示该两个触点接通。

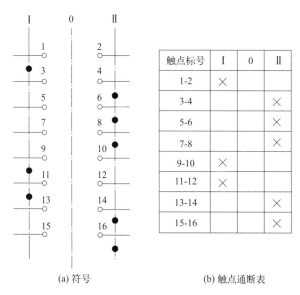

(a) 符号　　　　　　(b) 触点通断表

图 2.4.12　万能转换开关符号及触点通断表

触点标号	I	0	II
1-2	×		
3-4			×
5-6			×
7-8			×
9-10	×		
11-12	×		
13-14			×
15-16			×

选用万能转换开关时，应根据其用途、所需触点数量和额定电流等方面考虑。LW5 系列万能转换开关在额定电压 380V 时，额定电流为 12A，额定操作频率为 120 次/h，机械寿命为 100 万次。

万能开关有四个挡位，如何看它的节点呢？1 和 3 短接一起接 A 相，5 和 7 短接一起接 B 相，9 和 11 短接一起接 C 相。2、6、10 短接在一起，12、8、4 短接在一起。当转换开关打到"U_{AB}"时，看到×符号的位置代表接通，1 和 2 是通的，7 和 8 是通的，其他挡位也是如此。这是转换开关的电压测量回路。当开关打到"U_{AB}"时，因为 1 和 2 通，7 和 8 通，电压表测的就是 A 相和 B 相的电压，其他挡位同理，万能转换开关工作过程见图 2.4.13。

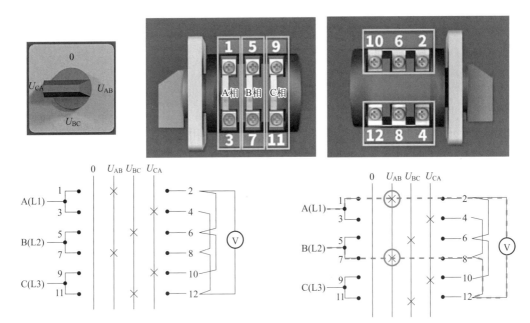

图 2.4.13　万能转换开关工作过程

2.4.2.4　接近开关

行程开关是有触点开关，在操作频繁时，易产生故障，工作可靠性也较低。接近开关是无触点开关，按工作原理来区分，有高频振荡型、电容型、感应电桥型、永久磁铁型、霍尔效应型等多种，其中最常用的是高频振荡型。

高频振荡型接近开关的电路由振荡器、晶体管放大器和输出电路三部分组成。其基本工作原理是：当装在运动部件上的金属物体接近高频振荡器的线圈 L（称为感辨头）时，由于该物体内部产生涡流损耗，使振荡回路等效电阻增大，能量损耗增加，从而使振荡减弱直至终止，输出控制信号。通常把接近开关刚好动作时感辨头与检测体之间的距离称为动作距离。

常用的接近开关有 LJ1、LJ2 和 JXJO 等系列。图 2.4.14 所示为接近开关的外形与图形符号和文字符号。

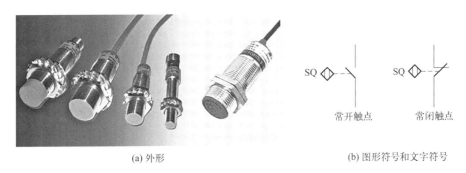

(a) 外形　　　　　　　　　　　　　　　(b) 图形符号和文字符号

图 2.4.14　接近开关的外形及图形符号和文字符号

接近开关因具有工作稳定可靠、使用寿命长、重复定位精度高、操作频率高、动作迅速等优点，应用越来越广泛。

2.4.3　任务实施

2.4.3.1　任务要求

熟悉行程开关与按钮开关的作用与结构；能够正确使用行程开关和按钮开关。

2.4.3.2　仪器、设备、元器件及材料

所需元件如表 2.4.1 所示。

表 2.4.1　元件表

名称	型号与规格	数量	备注
行程开关	JLXK1 系列或其他	1 个	
按钮开关	LA10-3H	1 个	

2.4.3.3　任务原理与说明

行程开关是用以反映工作机械的行程，发出命令，以控制运动机械的运动方向和行程大小的开关。它主要用于机床、自动生产线和其他机械的限位及行程控制。常用的行程开关有 LX19K、LX19-111、LX19-121、LX19-131、LX19-212、LX19-222、LX19-232、JLXK1 等型号。

按钮开关是一种手动且一般可自动复位的主令电器。它不直接控制主电路的通断，而是通过控制电路的接触器、继电器等来操纵主电路。

2.4.3.4　任务内容及步骤

(1) 准备工作
行程开关与按钮开关的识别。

(2) 检测工作
在选用行程开关时，要根据应用场合及控制电路的要求选择。同时，根据机械与行程开关的传动与位移关系，选择适合的操作形式。

2.4.4　任务考核

针对考核任务，相应的考核评分细则参见表 2.4.2。

表 2.4.2　评分细则

序号	考核内容	考核项目	配分	评分标准	得分
1	主令电器的功能、结构及特点	(1)主令电器的功能； (2)主令电器的结构； (3)主令电器开关的特点	30 分	(1)能阐述主令电器的功能(10 分)； (2)能叙述主令电器的结构(10 分)； (3)能简述主令电器的特点(10 分)	

续表

序号	考核内容	考核项目	配分	评分标准	得分
2	行程开关的作用及结构	(1)行程开关的作用; (2)行程开关的结构	30 分	(1)能阐述行程开关的作用(15 分); (2)能描述行程开关的结构(15 分)	
3	按钮开关的作用及结构	(1)按钮开关的作用; (2)按钮开关的结构	30 分	(1)能阐述按钮开关的作用(15 分); (2)能描述按钮开关的结构(15 分)	
4	行程开关的选用		10 分	能简述行程开关选用的注意事项(10 分)	
5	安全文明生产			违反安全文明操作规程酌情扣分	
合计			100 分		

注：每项内容的扣分不得超过该项的配分。任务结束前，填写、核实制作和维修记录单并存档。

2.4.5　思考与练习

① 什么是主令电器？常用的主令电器有哪些？行程开关在机床控制中一般的用途有哪些？

② 按钮开关、行程开关和刀开关都是开关，它们的作用有什么不同？可否用按钮开关直接控制三相异步电动机？

③ 行程开关在选用时，应注意哪些方面？

④ 万能转换开关有何特点，其作用是什么？

⑤ 在实际应用中，挡铁碰撞行程开关，而其触点不动作，试分析可能产生的原因。

⑥ 行程开关在安装时，要注意哪些问题？

⑦ 试述按钮开关颜色如何选择？

任务 2.5　使用与检查交流接触器

视频扫一扫

交流接触器工作原理

2.5.1　任务分析

交流接触器是用来频繁接通或切换较大负载电流电路的一种电磁式控制电器。其主要控制对象是电动机。通过对交流接触器的学习，为后续三相异步电动机的控制线路安装奠定基础。

2.5.2　相关知识

交流接触器的结构和工作原理如下。

交流接触器是一种用来接通或切断电动机或其他电力负载（如电阻炉、电焊机等）主电路的一种控制电器。它具有控制容量大、欠电压释放保护、零压保护、频繁操作、工作可靠、寿命长等优点。

按其主触头通断电流的种类，接触器可以分为直流接触器和交流接触器两种，其线圈电流的种类一般与主触头相同，但有时交流接触器也可以采用直流控制线圈，直流接触器也可采用交流控制线圈。

常用的交流接触器有 CJ0、CJ10、CJ12、CJ20、CJX1、CJX2、B、3TB 等系列产品。CJ10、CJ12 系列为早期全国统一设计产品，CJ10X 系列消弧接触器是近年来发展起来的新产品，适用于条件较差、频繁启动和反接制动的电路。近年来还生产了由晶闸管组成的无触头接触器，主要用于冶金和化工行业。

(1) 接触器的结构

交流接触器的外形及图形符号如图 2.5.1 所示。交流接触器主要由以下四部分组成。

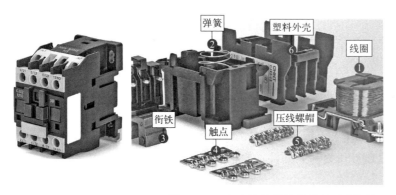

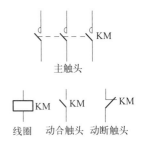

图 2.5.1　交流接触器的外形及图形符号

① 电磁机构。电磁机构由线圈、动铁芯（衔铁）、静铁芯和释放弹簧组成。其结构形式取决于铁芯与衔铁的运动方式，共有两种。一种是衔铁绕轴转动的拍合式，如 CJ12B 型交流接触器；另一种是衔铁做直线运动的直动式，如 CJ0、CJ10 型交流接触器。

② 触头系统。触头系统包括主触头和辅助触头。主触头的接触面积较大，用于通断负载电流较大的主电路，通常是三对（三极）动合触头；辅助触头接触面积小，具有动合和动断两种形式，无灭弧装置，用于通断电流较小（小于 5A）的控制电路。

③ 灭弧装置。直流接触器和电流在 20A 以上的交流接触器都有灭弧装置。对于较小容量的接触器，可采用双断点桥式电动灭弧，或相间弧板隔弧及陶土灭弧罩灭弧；对于大容量的接触器，采用纵缝灭弧罩及栅片灭弧。

④ 其他部分。其他部分包括作用弹簧、缓冲弹簧、触头压指弹簧、传动机构、联结导线及外壳等。

(2) 交流接触器的工作原理

当交流接触器线圈通电后，在铁芯中产生磁通。磁场对衔铁产生吸力，使衔铁产生闭合动作，主触头在衔铁的带动下闭合，于是接通了主电路。同时衔铁还带动辅助触头动作，使原来断开的辅助触头闭合，而使原来闭合的辅助触头断开。当线圈断电或电压显著降低时，吸力消失或减弱，衔铁在释放弹簧作用下打开，主触头和辅助触头又恢复原来的状态。这就是交流接触器的工作原理。

直流接触器的工作原理与交流接触器基本相同，仅在电磁机构方面不同。对于直流电磁机构，因其铁芯不发热，只有线圈发热，所以通常直流电磁机构的铁芯是用整块钢材或工程纯铁制成；它的励磁线圈做成高而薄的瘦高型，且不设线圈骨架，使线圈与铁芯直接接触，易于散热。而对于交流电磁机构，由于其铁芯存在磁滞和涡流损耗，这样铁芯和线圈都发热，所以通常交流电磁机构的铁芯用硅钢片叠铆而成；它的励磁线圈设有骨架，使铁芯与线圈隔离，并将线圈制成短而厚的矮胖型，这样有利于铁芯和线圈的散热。

（3）交流接触器的选用

① 接触器类型的选择。根据电路中负载电流的种类来选择，即交流负载应选用交流接触器，直流负载应选用直流接触器。

② 主触头额定电压和额定电流的选择。接触器主触头的额定电压应大于或等于负载电路的额定电压，主触头的额定电流应大于负载电路的额定电流。

③ 线圈电压的选择。交流线圈电压有 36V、110V、127V、220V、380V 几种；直流线圈电压有 24V、48V、110V、220V、440V 几种。从人身和设备安全角度考虑，线圈电压可选择低一些；但当控制线路简单，线圈功率较小时，为了节省变压器，可选 220V 或 380V。

④ 触头数量及触头类型的选择。通常交流接触器的触头数量应满足控制回路数的要求，触头类型应满足控制线路的功能要求。

⑤ 接触器主触头额定电流的选择。主触头额定电流应满足下面条件，即

$$I_{\text{N主触头}} \geqslant \frac{P_{\text{N电动机}}}{(1 \sim 1.4)U_{\text{N电动机}}}$$

式中　$P_{\text{N电动机}}$——电动机额定功率；
　　　$U_{\text{N电动机}}$——电动机额定电压。

若接触器控制的电动机启动或正反转频繁，一般将接触器主触头的额定电流降一级使用。

⑥ 接触器操作频率的选择。操作频率是指接触器每小时的通断次数。当通断电流较大或通断频率过高时，会引起触头过热，甚至熔焊。操作频率若超过规定值，应选用额定电流大一级的接触器。

（4）交流接触器的安装使用及维护

① 接触器安装前应核对线圈额定电压和控制容量等是否与选用的要求相符合。

② 安装接触器时，除特殊情况外，一般应垂直安装，其倾斜不得超过 5°；有散热孔的接触器，应将散热孔放在上下位置。

③ 接触器使用时，应进行经常和定期的检查与维修。经常清除表面污垢，尤其是进出线端相间的污垢。

④ 接触器工作时，如发出较大的噪声，可用压缩空气或小毛刷清除衔铁极面上的尘垢。

⑤ 接触器主触头的银接点厚度磨损至不足 0.5mm 时，应更换新触头；主触头弹簧的压缩行程小于 0.5mm 时，应进行调整或更换新触头。

⑥ 接触器如出现异常现象，应立即切断电源，查明原因，排除故障后方可再次投入使用。

视频扫一扫

交流接触器的使用

2.5.3　任务实施

2.5.3.1　任务要求

了解交流接触器的结构组成；掌握交流接触器的拆卸与组装。

2.5.3.2 仪器、设备、元器件及材料

所需元件见表 2.5.1。

表 2.5.1 元件表

名称	型号与规格	数量	备注
常用电工工具		1 套	螺钉旋具(一字型和十字型)、电工刀、尖嘴钳、钢丝钳
万用表	MF47 型或其他	1 个	
交流接触器	CJ20-16 型或其他	1 个	线圈电压 380V
三相自耦调压器	0~250V、400V、3kV	1 台	

2.5.3.3 任务原理与说明

交流接触器是一种常用的控制电器，主要用于频繁接通或分断交流电路。其控制容量大，可远距离操作，配合继电器可以实现定时操作、联锁控制、各种定量控制，以及具有失电压和欠电压保护，广泛应用于自动控制电路中。其主要控制对象是电动机，也可用于控制其他电力负载。因此，了解和掌握接触器的结构及工作原理对正确使用接触器具有重要意义。

2.5.3.4 任务内容及步骤

视频扫一扫
交流接触器拆解

(1) 交流接触器的拆卸

① 卸下灭弧罩紧固螺钉，取下灭弧罩。

② 拉紧主触头定位弹簧夹，取下主触头及主触头压力弹簧片。拆卸主触头时必须将主触头侧转 45°后取下。

③ 松开辅助常开静触头的接线桩螺钉，取下常开静触头。

④ 松开接触器底部的盖板螺钉，取下盖板。在松盖板螺钉时，要用手按住螺钉并慢慢放松。

⑤ 取下静铁芯缓冲绝缘纸片及静铁芯。

⑥ 取下静铁芯支架及缓冲弹簧。

⑦ 拔出线圈接线端的弹簧夹片，取下线圈。

⑧ 取下反作用弹簧，取下衔铁和支架。

⑨ 从支架上取下动铁芯定位销。

⑩ 取下动铁芯及缓冲绝缘纸片。

(2) 交流接触器的检查

① 检查灭弧罩有无破裂或烧损，清除灭弧罩内的金属飞溅物和颗粒。

② 检查触头的磨损程度，磨损严重时应更换触头。若不需要更换，则清除触头表面上烧毛的颗粒。

③ 清除铁芯端面的油垢，检查铁芯有无变形及端面接触是否平整。

④ 检查触头压力弹簧及反作用弹簧是否变形或弹力不足，如有，则需要更换弹簧。触头压力的测量与调整：将一张约 0.1mm 厚比触头稍宽的纸条夹在触头之间，使触头处于闭合状态，用手拉动纸条。若触头压力合适，稍用力纸条便可拉出；若纸条很容易被拉出，说明触头压力不够；若纸条被拉断，说明触头压力过大。可调整或更换触头弹簧，直到符合要求。

⑤ 检查电磁线圈的电阻是否正常。

⑥ 自检。检查各对触头是否良好；用兆欧表测量各触头间及主触头对地电阻是否符合要求；用手按动主触头检查运动部分是否灵活，以防产生接触不良、振动和噪声。

⑦ 通电测试，接触器应固定在控制板上，用三相自耦调压器按接触器线圈电压标准给接触器通电，看触头动作情况是否正常。

(3) 交流接触器的装配

装配按拆卸的逆顺序进行。

2.5.4 任务考核

针对考核任务，相应的考核评分细则参见表 2.5.2。

表 2.5.2 评分细则

序号	考核内容	考核项目	配分	评分标准	得分
1	拆卸与装配	(1)交流接触器的结构； (2)拆卸步骤及方法； (3)接触器的装配	50 分	(1)能阐述接触器的结构组成(10 分)； (2)拆卸步骤及方法(20 分)； (3)能正确装配接触器(20 分)	
2	调整触头压力	判断和调整触头压力的方法	20 分	(1)能凭经验判断触头压力的大小(5 分)； (2)触头压力的调整方法(15 分)	
3	校验	检查接触器的好坏	30 分	(1)能进行通电校验(15 分)； (2)检查、校验方法(15 分)	
4	安全文明生产			违反安全文明操作规程酌情扣分	
合计			100 分		

注：每项内容的扣分不得超过该项的配分。任务结束前，填写、核实制作和维修记录单并存档。

2.5.5 思考与练习

① 接触器的主要作用是什么？接触器主要由哪些部分组成？交流接触器和直流接触器有什么区别？

② 简述接触器的工作原理。举例说明交流接触器的吸合电压与释放电压是否相同。

③ 交流接触器能否作为直流接触器使用？

④ 接触器的主要技术参数有哪些？选用交流接触器时要考虑哪些因素？如何选择交流接触器的额定电流？

⑤ 线圈电压为 220V 的交流接触器，误接到 380V 的交流电源上会发生什么问题？为什么？

⑥ 接触器在使用过程中，出现以下故障现象：a. 不吸合或吸合不牢；b. 出现线圈断电后，接触器不释放或释放缓慢；c. 铁芯噪声过大；d. 线圈过热或烧毁。试分析各种故障现

象可能产生的原因。

⑦ 接触器的维护项目主要包括哪些内容？

⚙ 任务 2.6   检修与校验继电器

2.6.1   任务分析

视频扫一扫

常用的6种继电器

继电器是根据某一输入量变化来控制输出量跃变的自动切换电器，进行远距离控制和保护。通过对继电器的学习，为后续电气控制线路中正确选用继电器的类型奠定基础。

2.6.2   相关知识

继电器是一种根据电物理量（电压、电流等）或非电物理量（压力、转速、时间、热量等）的变化来接通或断开控制电路，以完成控制和保护任务的自动切换电器。在电力机车控制电路中，继电器具有控制、保护和转换信号的作用。

继电器一般由感测机构、中间机构和执行机构三个基本部分组成。感测机构把感测到的电物理量或非电物理量传递给中间机构，将它与整定值（按要求预先调定的值）进行比较，当达到整定值（过量或欠量）时，中间机构则使执行机构动作，从而接通或断开所控制的电路。

继电器和接触器的基本任务都是用来接通和断开所控制的电路，但其所控制的对象与能力是有所区别的。继电器用来控制小电流电路，多用于控制电路；而接触器用来控制大电流电路，多用于主电路。

继电器种类很多，主要有控制继电器和保护继电器两类。常用的有电压继电器、电流继电器、中间继电器、热继电器、时间继电器和速度继电器等。

2.6.2.1   热继电器

(1) 热继电器的结构

热继电器是利用感温元件受热而动作的一种继电器，它主要用于电动机过载保护、断相保护、电流不平衡保护及其他电气设备过热状态时的保护。目前我国在生产中常用的热继电器有国产的 JR16、JR20、JR36 等系列以及引进的 T 系列、3UA 等产品，它们均为双金属片式。

热继电器有两相和三相结构式，主要是由加热元件、双金属片、动作机构、触点系统、电流调节器、复位机构和温度补偿金属片等部件组成。热继电器的外形如图 2.6.1 所示，内部结构及电气符号如图 2.6.2 所示。

① 加热元件。加热元件是一段阻值不大的电阻丝，使用时与电动机主回路串联，被加热元件包围着的双金属片是由两种具有不同膨胀系数的金属材料碾压而成，如铁镍铬合金和铁镍合金。电阻丝一般由康铜、镍铬合金等材料制成。

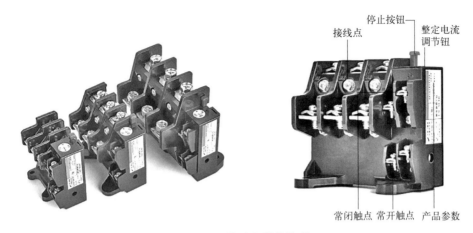

图 2.6.1　热继电器的外形

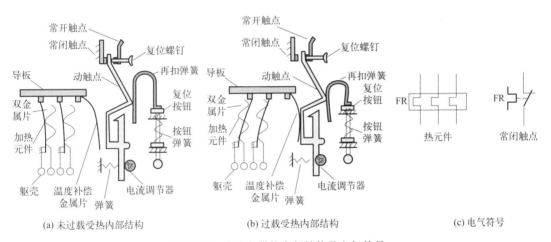

(a) 未过载受热内部结构　　　(b) 过载受热内部结构　　　(c) 电气符号

图 2.6.2　热继电器的内部结构及电气符号

② 动作机构和触点系统。动作机构利用杠杆传递及弓簧式瞬跳机构保证触点动作的迅速、可靠。触点为单断点弓簧式跳跃式动作，一般为一个常开触点和一个常闭触点。

③ 电流调节器。通过旋钮和电流调节凸轮调节推杆间隙，改变推杆移动距离，从而调节整定电流。

④ 温度补偿金属片。温度补偿金属片受热弯曲的方向与双金属片一致，它能保证热继电器的动作特性在 $-30 \sim 40℃$ 的环境温度范围内基本上不受周围介质温度的影响。

⑤ 复位机构。复位机构有手动和自动两种形式，可根据使用要求通过复位螺钉来自由调整选择。一般自动复位的时间不大于 5min，手动复位的时间不大于 2min。

(2) 热继电器的工作原理

热继电器的两组或三组发热元件串联在电动机的主电路中，而其动断触点串联在控制电路中。电动机正常工作时，双金属片不起作用。当电动机过载时，流过发热元件的电流超过其整定电流，使双金属片因受热而有较大的弯曲，向左推动导板，温度补偿双金属片与推杆相应移动，动触点离开静触点，于是使控制电路中的接触器线圈断电，从而断开电动机电源，达到过载保护的目的。

如果三相电源中有一相断开，电动机处于单相运行状态，定子电流显著增大，不管接在主电路中的是两组发热元件还是三组发热元件，都能保证至少有一组发热元件起作用，使电动机得到保护。

热继电器动作后，应检查并消除电动机过载的原因，待双金属片冷却后，用手指按下复位按钮，可使动触点复位，与静触点恢复接触，电动机才能重新操作启动。或者通过调节复位螺钉待双金属片冷却后，使动触点自动复位。

（3）热继电器的接线

要先将空气开关中 L1、L2、L3 三条线与接触器触点的 L1、L2、L3 相互连接在一起。然后将接触器的 T1、T2、T3 与热继电器上 3 个主触点的进线口相互连接，这样，电动机的所有工作电流都将流经热继电器的热元件，以便实时监测电动机的负载状况。最后将 3 个主触点的出线口与电动机的三相绕组 U、V、W 相互连接。热继电器的常闭触点（NC）接到接触器的线圈回路中，一旦热继电器因为过载动作，其触点会断开，从而切断接触器线圈电源，使得接触器主触点释放，停止电动机的供电。热继电器的接线如图 2.6.3 所示。

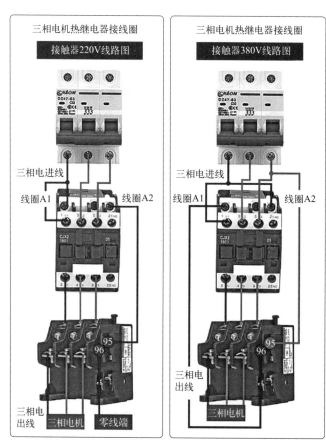

图 2.6.3　热继电器的接线

（4）热继电器的选用

① 热继电器的类型选用。一般轻载启动、长期工作的电动机或间断长期工作的电动机，

选择两相结构的热继电器；当电源电压的均衡性和工作环境较差，或较少有人照管的电动机，或多台电动机的功率差别较大，可选择三相结构的热继电器；而三角形连接的电动机，应选用带断相保护装置的热继电器。

② 热继电器的额定电流选用。热继电器的额定电流应略大于电动机的额定电流。

③ 热继电器的型号选用。根据热继电器额定电流应大于电动机额定电流的原则，查表确定热继电器的型号。

④ 热继电器的整定电流选用。一般将热继电器的整定电流调整到等于电动机的额定电流，对过载能力差的电动机，可将热元件整定值调整到电动机额定电流的 $0.6 \sim 0.8$；对于启动时间较长，拖动冲击性负载或不允许停车的电动机，热继电器的整定电流应调节到电动机额定电流的 $1.1 \sim 1.15$ 倍。

(5) 热继电器的安装使用和维护

① 热继电器进线端子标志为 1/L1、2/L2、3/L3，与之对应的出线端子标志为 2/T1、4/T2、6/T3，常闭触点接线端子标志为 95、96，常开触点接线端子标志为 97、98。

② 必须选用与所保护的电动机额定电流相同的热继电器，如不符合，则失去保护作用。

③ 热继电器除了接线螺钉外，其余螺钉均不得拧动，否则其保护特性将改变。

④ 热继电器安装接线时，必须切断电源。

⑤ 当热继电器与其他电器安装在一起时，应将它安装在其他电器的下方，以免其动作特性受到其他电器发热的影响。

⑥ 热继电器的主回路连接导线不宜太粗，也不宜太细。如果连接导线过细，轴向导热差，热继电器可能提前动作；反之，连接导线太粗，轴向导热快，热继电器可能滞后动作。

⑦ 当电动机启动时间过长或操作次数过于频繁，会使热继电器误动作或烧坏电器，故这种情况一般不用热继电器过载保护。

⑧ 热继电器在出厂时均调整为自动复位形式。如欲调为手动复位，将热继电器侧面孔内螺钉倒退约三四圈即可。

⑨ 热继电器脱扣动作后，若再次启动电动机，必须待热元件冷却后，才能使热继电器复位。

⑩ 热继电器的整定电流必须按电动机的额定电流进行调整，在调整时，绝不允许弯折双金属片。

2.6.2.2　中间继电器

中间继电器用于继电保护与自动控制系统中，以增加触点的数量及容量。常用中间继电器的外形如图 2.6.4 所示。它用于在控制电路中传递中间信号。中间继电器的结构和原理与交流接触器基本相同，与接触器的主要区别在于：接触器的主触点可以通过大电流，而中间继电器的触点只能通过小电流。所以，它只能用于控制电路中。它一般是没有主触点的，因为过载能力比较小，所以它用的全部都是辅助触点，数量比较多。新国标对中间继电器的定义是 K，老国标是 KA。中间继电器一般是直流电源供电，少数使用交流电源供电。

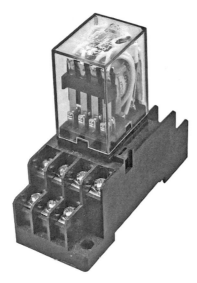

视频扫一扫

中间继电器

图 2.6.4　中间继电器外形

(1) 中间继电器的工作原理

中间继电器是一种特殊的开关设备，其工作原理基于电磁感应。当继电器线圈通电时，产生的磁场会吸引铁芯，使触点闭合或断开，从而实现对电路的控制。中间继电器与普通继电器的共同点在于它们都是通过电磁感应原理工作的，但中间继电器通常具有更多的触点，以满足更复杂的电路控制需求。

(2) 中间继电器的选用

在选择中间继电器时，需要考虑以下几个方面。

① 触点数量：根据实际需求选择合适的触点数量，以满足电路控制的需求。

② 负载能力：根据负载类型、负载电流和负载电压等参数选择合适的中间继电器，以确保其正常工作。

③ 动作时间：根据实际需求选择合适的动作时间，以满足快速切换电路的需求。

④ 环境适应性：考虑中间继电器的工作环境，如温度、湿度、振动等因素，选择适应性强的产品。

⑤ 品牌和质量：选择知名品牌和质量可靠的中间继电器，以确保其性能稳定、寿命长。

2.6.2.3　时间继电器

时间继电器是一种利用电磁原理或机械动作原理来延迟触点闭合或分断的自动控制电器，在电路中起控制动作的作用。它的种类很多，按动作原理不同，可分为电磁式、电动式、空气阻尼式（又称气囊式）、晶体管式等。常用时间继电器的外形如图 2.6.5 所示；时间继电器的符号如表 2.6.1 所示。按照延时方式不同，时间继电器可分为通电延时、断电延时和重复延时三种。它们各有特点，适用于不同要求的场合。通电延时和断电延时的区别在于：通电延时是电磁线圈通电后，触点延时动作；断电延时是电磁线圈断电后，触点延时动作。

(a) 空气阻尼式

(b) 电子式

(c) 晶体管式

图 2.6.5　常见时间继电器外形

表 2.6.1　时间继电器的符号

名称		图形符号
线圈	线圈一般符号	☐ KT
	通电延时线圈	⊠ KT
	断电延时线圈	■☐ KT
瞬时触点	常开触点	KT
	常闭触点	KT
延时触点	延时闭合动合(常开)触点	KT 或 KT
	延时断开动合(常开)触点	KT 或 KT
	延时断开动断(常闭)触点	KT 或 KT
	延时闭合动断(常闭)触点	KT 或 KT

　　电磁式时间继电器结构简单，价格也便宜，但延时较短，只能用于直流电路的断电延时，且其体积和质量较大。空气阻尼式时间继电器利用气囊中的空气通过小孔节流的原理来

获得延时动作，延时范围较大，有 0.4～60s 和 0.4～180s 两种，可用于交流电路，更换线圈后也可用于直流电路。空气阻尼式时间继电器结构简单，有通电延时和断电延时两种，但延时误差较大。电动式时间继电器的延时精度较高，延时可调范围大，但价格较贵。晶体管式时间继电器也称半导体时间继电器或电子式时间继电器，其延时可达几分钟到几十分钟，比空气阻尼式长，比电动式短，其延时精度比空气阻尼式好，比电动式略差。随着电子技术的发展，它的应用也日益广泛。目前，在交流电路中应用较广泛的是空气阻尼式时间继电器。

(1) 时间继电器的工作原理

常用的空气阻尼式时间继电器为 JS7-A 系列，图 2.6.6 是 JS7-A 系列时间继电器的结构示意图，它主要由电磁系统、工作触点、气室及传动机构等四部分组成。

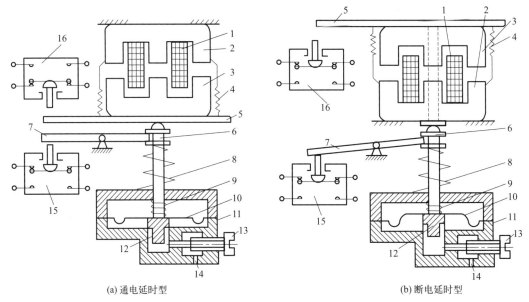

(a) 通电延时型　　　　　　　　　　　　(b) 断电延时型

图 2.6.6　JS7-A 系列阻尼式时间继电器结构示意图

1—线圈；2—铁芯；3—衔铁；4—复位弹簧；5—推板；6—活塞杆；7—杠杆；8—塔形弹簧；9—弱弹簧；
10—橡胶膜；11—空气室腔；12—活塞；13—调节螺钉；14—进气孔；15，16—微动开关

时间继电器的原理基于电磁感应，图 2.6.7 为通电延时型时间继电器实物。它由电磁铁和一对触点组成，其中电磁铁由线圈和铁芯构成。当通电时，线圈产生磁场，将铁芯吸引，从而闭合触点使控制电路通电。当断开供电时，磁场消失，铁芯恢复原位，触点断开，控制电路断电。时间继电器还配有调整延时时间的装置，通常是通过旋钮来设置。延时时间可以根据具体需求进行调整，从几百毫秒到几分钟不等。当控制电路通电后，在设定的延时时间内，时间继电器保持闭合状态。一旦延时时间到达，时间继电器触发，触点断开，控制电路断电。

(2) 时间继电器的选用

① 类型的选择。在要求延时范围大、延时准确度较高的场合，应选用电动式或电子式时间继电器。在延时精度要求不高、电源电压波动大的场合，可选用价格较低的电磁式或气囊式时间继电器。

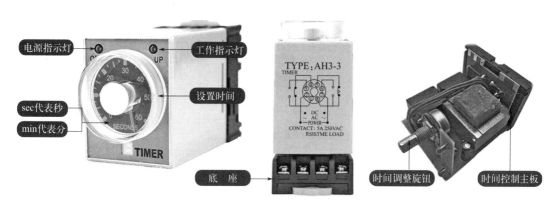

图 2.6.7　通电延时型时间继电器实物

② 线圈电压的选择。根据控制线路电压来选择时间继电器吸引线圈的电压。

③ 延时方式的选择。时间继电器有通电延时和断电延时两种，应根据控制线路的要求来选择。

（3）时间继电器的安装使用和维护

① 必须按接线端子图正确接线，核对继电器额定电压与所接的电源电压是否相符，直流型应注意电源极性。

② 时间继电器应按说明书规定的方向安装。无论是通电延时型还是断电延时型，都必须使继电器在断电后，释放时衔铁的运动方向垂直向下，其倾斜度不得超过 5°。

③ 对于晶体管时间继电器，延时刻度不表示实际延时值，仅供调整参考。若需要精确的延时值，须在使用时先核对延时数据。

④ JS7-A 系列时间继电器由于无刻度，故不能准确地调整延时时间，同时气室的进排气孔也有可能被尘埃堵住而影响延时的准确性，应经常清除灰尘和油污。

⑤ JS7-1A、JS7-2A 系列时间继电器只要将线圈转动 180°即可将通电延时改为断电延时方式。

⑥ JS11-□2 系列断电延时时间继电器，必须在接通离合器电磁铁线圈电源时才能调节延时值。

2.6.2.4　速度继电器

速度继电器是以速度的大小为信号与接触器配合，实现对电动机的反接制动。常用的速度继电器有 JY1 和 JFZ0 型两种。

（1）结构

速度继电器由转子、定子及触点三部分组成，其外形、结构以及图形与文字符号如图 2.6.8 所示。

（2）动作原理

速度继电器使用时，其轴与电动机轴相连，外壳固定在电动机的端盖上。当电动机旋转时，带动速度继电器的转子（磁极）转动，于是在气隙中形成一个旋转磁场，定子绕组切割该磁场而产生感应电动势及电流，进而产生力矩；定子受到的磁场力方向与电动机旋转方向相同，从而使定子向轴的转动方向偏摆，通过定子拨杆拨动触点，使触点动作。

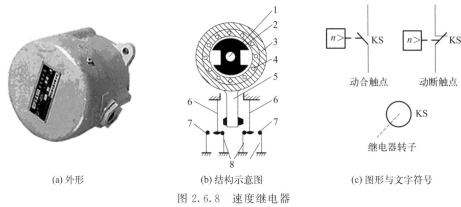

(a) 外形　　　　　　　　(b) 结构示意图　　　　　　(c) 图形与文字符号

图 2.6.8　速度继电器

1—转轴；2—转子；3—定子；4—绕组；5—摆杆；6—簧片；7—动合触点；8—动断触点

(3) 用途

在机床电气控制中，速度继电器用于电动机的反接制动控制。速度继电器的动作转速一般不低于 100～300r/min，复位转速约在 100r/min 以下。使用速度继电器时，应将其转子装在被控制电动机的同一根轴上，而将其动合触点串联在控制线路中。制动时，控制信号通过速度继电器与接触器的配合，使电动机接通反相序电源而产生制动转矩，使其迅速减速；当转速下降到 100r/min 以下时，速度继电器的动合触点恢复断开，接触器断电释放，其主触点断开而迅速切断电源，电动机便停转而不致反转。

(4) 选用

速度继电器主要根据所需控制的转速大小、触点数量，以及触点的电压和电流来选用。如 JY1 型在 3000r/min 以下时能可靠工作；JFZ0-1 型适用于 300～1000r/min 额定工作转速；JFZ0-2 型适用于 1000～3600r/min 额定工作转速。其技术数据见表 2.6.2。

表 2.6.2　速度继电器技术数据

型号	触点额定电压/V	触点额定电流/A	触点对数		额定工作转速/(r/min)	允许操作频率/(次/h)
			正转动作	反转动作		
JY1	380	2	1 组转换触点	1 组转换触点	100～3000	<30
JFZ0-1			1 动合、1 动断	1 动合、1 动断	300～1000	
JFZ0-2			1 动合、1 动断	1 动合、1 动断	1000～3600	

(5) 安装与使用

① 速度继电器的转轴应与电动机同轴连接，应使两轴中心线重合。

② 速度继电器有两副动合、动断触点，其中一副为正转动作触点，一副为反向动作触点。接线时，可暂时任选一副动合触点，串接在控制回路中的指定位置。

③ 调试时，看电动机能否迅速制动。若无制动过程，则说明速度继电器动合触点应改选另一个。若电动机有制动，但制动时间过长，可调节速度继电器的调节螺钉，使弹簧压力增大或减小，调节后，把固定螺母锁紧。切忌用外力弯曲其动、静触点，使之变形。

2.6.3　任务实施

2.6.3.1　任务要求

视频扫一扫

时间继电器拆解

① 熟悉 JS7-A 系列时间继电器的结构，并对其触点进行调整。

② 将 JS7-2A 型时间继电器改装成 JS7-4A 型，并进行通电校验。

2.6.3.2　仪器、设备、元器件及材料

所需元件见表 2.6.3。

表 2.6.3　元件表

名称	型号与规格	数量	备注
常用电工工具		1 套	螺钉旋具(一字型和十字型)、电工刀、尖嘴钳、钢丝钳、验电笔
万用表	MF47 型或其他	1 个	
时间继电器	JS7-2A，线圈电压 380V	1 个	
组合开关	HZ10-10/3，三极、10A	1 个	
熔断器	RL1-15/2，15A、配熔体 2A	1 个	
按钮开关	LA4-3H、保护式、按钮数 3	1 个	
指示灯	220V、15W	3 个	
控制板	500mm×400mm×200mm	1 块	
导线	BVR-1.0mm^2	若干	

2.6.3.3　任务原理与说明

时间继电器是在电路中控制动作时间的继电器，它主要用于需要按时间顺序进行控制的电气控制线路中。根据触点延时的特点，它既可以做成通电延时型，又可以做成断电延时型。JS7-A 型、JS7-2A 型为通电延时型；JS7-3A 型、JS7-4A 型为断电延时型。将通电延时型继电器的电磁机构翻转 180°安装即成为断电延时型继电器。

2.6.3.4　任务内容及步骤

(1) 整修 JS7-2A 型时间继电器的触点

① 松开延时或瞬时微动开关的紧固螺钉，取下微动开关。

② 均匀用力慢慢撬开并取下微动开关盖板。

③ 小心取下动触点及附件，要防止用力过猛而弹失小弹簧和薄垫片。

④ 进行触点整修。整修时，不允许用砂纸或其他研磨材料，而应使用锋利的刀刃或细锉修平，然后用干净布擦净，不得用手指直接接触触点或用油类润滑，以免沾污触点。整修后的触点应做到接触良好。若无法修复，应调换新触点。

⑤ 按拆卸的逆顺序进行装配。

⑥ 手动检查微动开关的分合是否瞬间动作，触点接触是否良好。

(2) JS7-2A 型改装成 JS7-4A 型

① 松开线圈支架紧固螺钉，取下线圈和铁芯总成部件。

② 将总成部件沿水平方向旋转 180°后，重新旋上紧固螺钉。

③ 观察延时触点和瞬时触点的动作情况，将其调整在最佳位置上。

④ 拧紧各安装螺钉，进行手动检查，若达不到要求须重新调整。

(3) 通电校验

① 将整修和装配好的时间继电器按图 2.6.9 所示连入线路，进行通电校验。

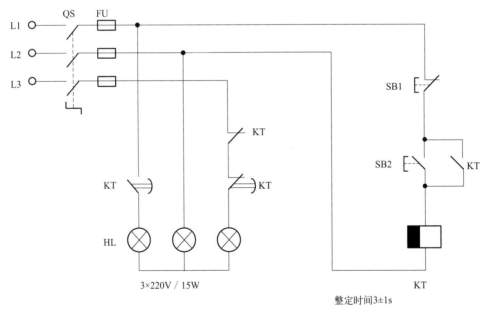

图 2.6.9　JS7-A 系列时间继电器校验电路

② 通电校验要做到一次通电校验合格。通电校验合格的标准为：在 1min 内通电频率不少于 10 次，做到各触点工作良好，吸合时无噪声，铁芯释放无延缓，并且每次动作的延时时间一致。

2.6.3.5　注意事项

① 拆卸时，应备有盛放零件的容器，以免丢失零件。

② 修整和改装过程中，不许硬撬，防止损坏电器。

③ 在进行校验接线时，要注意各接线端子上线头间的距离，防止产生相间短路故障。

④ 改装后的时间继电器，使用时要将原来的安装位置水平旋转 180°，使衔铁释放时的运动方向始终保持垂直向下。

2.6.4　任务考核

针对考核任务，相应的考核评分细则参见表 2.6.4。

表 2.6.4　评分细则

序号	考核内容	考核项目	配分	评分标准	得分
1	结构了解与整修触点	(1)时间继电器的结构； (2)整修触点的步骤及方法	40分	(1)能阐述时间继电器的结构组成(15分)； (2)整修触点的步骤及方法(20分)； (3)整修后触点接触良好(5分)	
2	JS7-2A 改装成 JS7-4A	(1)改装的原理； (2)改装的步骤及方法	40分	(1)能阐述时间继电器改装的原理(10分)； (2)改装的步骤及方法(30分)	
3	通电校验	(1)通电校验的方法； (2)通电校验合格的标准	20分	(1)通电校验接线与操作(15分)； (2)会判断通电校验合格与否(5分)	
4	安全文明生产			违反安全文明操作规程酌情扣分	
合计			100分		

注：每项内容的扣分不得超过该项的配分。任务结束前，填写、核实制作和维修记录单并存档。

2.6.5　思考与练习

① 为什么热继电器一般只能用于过载保护而不能用于短路保护？

② 热继电器的结构主要由哪些部分组成？

③ 在三相控制主电路中，为什么热继电器有时装三相，有时装两相？

④ 什么是热继电器的整定电流？如何调整热继电器的整定电流？

⑤ 时间继电器有哪些类型？各有什么特点？

⑥ 简述速度继电器的结构、工作原理及用途。

⑦ 试分析热继电器不动作可能的原因。

⑧ 在装有热继电器保护的电动机控制电路中，电路未过载，但热继电器却自行动作，造成了不应有的停电。试分析造成这一现象的可能原因。

⑨ 空气阻尼式时间继电器是利用什么原理来获得延时动作的？它有什么优缺点？

⑩ 简述如何选择热继电器。

思政小故事

最美奋斗者：正泰集团创始人南存辉

熔断器的启示：责任与担当

电工小李的成长之路

项目3

安装与检修三相异步电动机直接启动控制线路

 学习目标

【知识目标】 ┄┄

① 了解电气原理图、电气元件布置图、电气接线图的绘制原则。

② 了解三相异步电动机点动和连续运行控制线路、多地控制线路、顺序控制线路的动作原理。

③ 正确理解自锁、互锁的含义。

④ 掌握三相异步电动机正反转控制线路、自动往返控制线路的组成和动作原理。

⑤ 了解行程开关结构参数、动作原理和选择方法。

【技能目标】 ┄┄

① 能够熟练绘制、识读电气图。

② 能使用低压电器并能接线，能检查和测试电气元件。

③ 能够绘制三相异步电动机点动和连续运行控制线路、多地控制线路、顺序控制线路、正反转控制线路、自动往返控制线路的原理图，能由电气原理图变换成安装接线图。

④ 能够制作电路的安装工艺计划，会按照工艺计划进行线路的安装、调试和检修，会做检修记录。

⑤ 能整理与记录制作和检修技术文件。

【素质目标】 ┄┄

① 培养爱岗敬业、精益求精、一丝不苟、淡泊名利的工匠精神。

② 遵守规则，进行安全文明生产。

任务 3.1　识读电气图

3.1.1　任务分析

电气图是电气工程图的简称。电气工程图是按照统一的规范和规定绘制的。电气图是电气设备安装、维护与管理必备的技术文件。可以说，没有电气图，一切电气设备都将无法安装、维护和管理。学习电气识图常识对维修电工来说至关重要。本任务目标是通过完成实际电气图的分析任务，掌握电气图的识图常识；能安装与调试三相笼型异步电动机的几种基本控制线路。

3.1.2　相关知识

3.1.2.1　电气图概述

（1）电气图的概念
用国家规定的电气符号按照制图规则表示电气设备相互连接顺序的图形。

（2）电气图的分类
按电气图的表达方式可分为概略类型的图和详细类型的图；按电能性质分为交流系统图和直流系统图；按相数分为单相图和三相图；按表达内容分为一次电路图、二次电路图、建筑电气安装图和电子电路图；按表达的设备分为机床电气控制电路图和汽车电路图等。

（3）电气工程图（狭义）
概念：指某一工程的供电、配电与用电工程图。
电气工程的主要项目有：变配电工程、发电工程、外线工程、内线工程、动力工程、照明工程、弱电工程、电梯的配置与选型、空调系统与给排水系统工程和防雷接地工程。

3.1.2.2　电气图的主要特点

① 简图是电气图的主要表现形式。
② 元器件和连接线是电气图的主要表达内容。
③ 图形符号和文字符号是电气图的主要要素。
④ 电气图中的元器件按照正常状态绘制。
⑤ 电气图与主体工程和配套工程的相关专业图有密切关系。

3.1.2.3　电气图的基本构成

电气图由电路接线图、技术说明、主要电气设备材料（元器件）明细表和标题栏等四个部分组成。

3.1.2.4　电气图的读图

(1) 电气图读图的一般方法

电气图读图的一般方法有查阅文字说明法、系统模块分解法、导线与元器件识别法、读图结果整理法。

(2) 电气原理图识图步骤

电气原理图识图步骤为：先看主电路，看其中用电器的控制元件，看主电路除用电器以外的其他元器件，明确它们所起的作用；再看电源，了解电源种类与电压等级，明确辅助电路中各个控制元件的作用，明确辅助电路中各个控制元件之间的相互关系。

(3) 电路接线图的识图方法与步骤

① 分析清楚各元器件的动作原理。
② 弄清电气原理图与电路接线图中元器件的对应关系。
③ 弄清电路接线图中接线导线的根数和所用导线的具体规格。
④ 根据电路接线图中的线号研究主电路的线路走向。

3.1.2.5　绘制、识读电气控制线路图的原则

生产机械电气控制线路常用电路图、接线图和布置图来表示。

(1) 绘制、识读电路图的原则

电路图（电气原理图）是根据生产机械运动形式对电气控制系统的要求，按照电气设备和电器的工作顺序，采用国家统一规定的电气图形符号和文字符号，详细表示电路、设备或成套装置的全部基本组成和连接关系，而不考虑其实际位置的一种简图。电路图能充分表达电气设备和电器的用途、作用和工作原理，是电气控制电路安装、调试与维修的理论依据。

绘制、识读电路图时应遵循以下原则。

① 电路图一般分电源电路、主电路和辅助电路三部分绘制。

电源电路一般画成水平线，如图 3.1.1 所示。三相交流电源相序 L1、L2、L3 自上而下依次画出，中线 N 和保护地线 PE 依次画在相线之下。直流电源的"＋"端画在上边，"－"端在下边画出。电源开关要水平画出。

主电路是指受电的动力装置及控制、保护电器的支路等，它是由主熔断器、接触器的主触头、热继电器的热元件以及电动机等组成，如图 3.1.2 所示。主电路通过的电流是电动机的工作电流，电流较大。主电路图要画在电路图的左侧并垂直于电源电路。

辅助电路一般包括控制主电路工作状态的控制电路，显示主电路工作状态的指示电路，提供机床设备局部照明的照明电路等。它是由主令电器的触头、接触器线圈及辅助触头、继电器线圈及触头、指示灯和照明灯等组成，如图 3.1.3 所示。辅助电路通过的电流都较小，一般不超过 5A。画辅助电路图时，辅助电路要跨接在两相电源线之间，一般按照控制电路、指示电路和照明电路的顺序依次垂直画在主电路图的右侧，且电路中与下边电源线相连的耗能元件（如接触器和继电器的线圈、指示灯、照明灯等）要画在电路图的下方，而电器的触头要画在耗能元件与上边电源线之间。为读图方便，一般应按照自左至右、自上而下的排列来表示操作顺序。

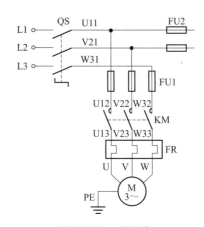

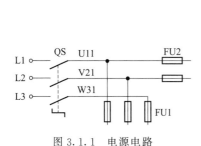

图 3.1.1　电源电路

图 3.1.2　主电路

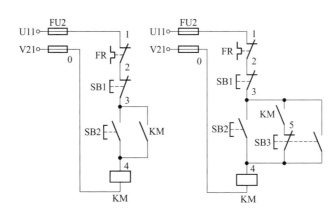

图 3.1.3　辅助电路

② 在电路图中，各电器的触头位置都按电路未通电或电器未受外力作用时的常态位置画出。分析原理时，应从触头的常态位置出发。

③ 在电路图中，不画各电气元件实际的外形图，而采用国家统一规定的电气图形符号画出。

④ 在电路图中，同一电器的各元件不按它们的实际位置画在一起，而是按其在线路中所起的作用分别画在不同电路中，但它们的动作却是相互关联的，因此，必须标注相同的文字符号。若图中相同的电器较多时，需要在电器文字符号后面加注不同的数字，以示区别，如 KM1、KM2 等。

⑤ 画电路图时应尽可能减少线条和避免线条交叉。对有直接电联系的交叉导线连接点，要用小黑圆点表示；无直接电联系的交叉导线则不画小黑圆点。

⑥ 电路图采用电路编号法，即对电路中的各个接点用字母或数字编号。

主电路在电源开关的出线端按相序依次编号为 U11、V11、W11。然后按从上至下、从左至右的顺序，每经过一个电气元件后，编号要递增，如 U12、V12、W12，U13、V13、W13……单台三相交流电动机（或设备）的三根引出线按相序依次编号为 U、V、W。对于多台电动机引出线的编号，为了不致引起误解和混淆，可在字母前用不同的数字加以区别，如 1U、1V、1W，2U、2V、2W……

辅助电路编号按等电位原则从上至下、从左至右的顺序用数字依次编号，每经过一个电气元件后，编号要依次递增。控制电路编号的起始数字必须是 1，其他辅助电路编号的起始数字依次递增 100，如照明电路编号从 101 开始，指示电路编号从 201 开始等。

(2) 绘制、识读接线图的原则

接线图是根据电气设备和电气元件的实际位置和安装情况绘制的，只用来表示电气设备和电气元件的位置、配线方式和接线方式，而不明显表示电气动作原理，如图 3.1.4 所示；主要用于安装接线以及线路的检查维修和故障处理。

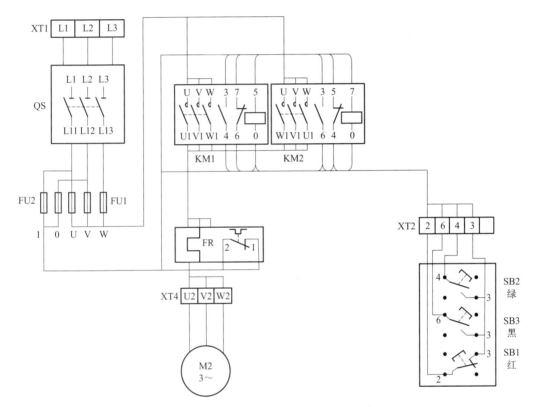

图 3.1.4　接触器联锁正反转控制电路接线图

绘制、识读接线图应遵循以下原则。

① 接线图中一般标出如下内容：电气设备和电气元件的相对位置、文字符号、端子号、导线号、导线类型、导线截面积、屏蔽和导线绞合等。

② 所有的电气设备和电气元件都按其所在的实际位置绘制在图纸上，且同一电路的各元件根据其实际结构，使用与电路图相同的图形符号画在一起，并用点画线框上，其文字符号以及接线端子的编号应与电路图中的标注一致，以便对照检查接线。元件所占据的面积按它的实际尺寸依照统一的比例绘制。各电气元件的位置关系依据安装底板的面积大小、比例及连接线的顺序来决定，并注意不得违反安装规程。

③ 导线编号标示：首先应在电气原理图上编写线号，再编写电气接线图线号。电气接线图的线号和实际安装的线号应与电气原理图编写的线号一致。线号的编写方法如下。

a. 主回路的编写：三相自上而下编号为 L1、L2 和 L3，经电源开关后出线上依次编号为 U1、V1 和 W1，每经过一个电气元件的接线桩编号要递增，如 U1、V1 和 W1 递增后为 U2、V2 和 W2……如果是多台电动机接线编号，为了不引起混淆，可在字母的前面冠以数字来区分，如 1U、1V 和 1W，2U、2V 和 2W。

b. 控制回路线号的编写：应从上至下、从左到右每经过一个电气元件的接线桩，编号要依次递增。编号的起始数字除控制回路必须从阿拉伯数字 1 开始外，其他辅助电路依次递增为 101、201……作起始数字，如照明电路编号从 101 开始，信号电路编号从 201 开始。

④ 各个电气元件上需要接线的部件及接线桩都应给出，且一定要标注端子线号。各端子编号必须与电气原理图上相应的编号一致。

⑤ 安装板内、外的电气元件之间的连线，都应通过接线端子板（排）进行连接。

⑥ 接线图中的导线有单根导线、导线组（或线扎）、电缆等之分，可用连续线和中断线来表示。凡导线走向相同的可以合并，用线束来表示，到达接线端子板或电气元件的连接点时再分别画出。在用线束来表示导线组、电缆等时可用加粗的线条表示，在不引起误解的情况下也可采用部分加粗。另外，导线及管子的型号、根数和规格应标注清楚。

（3）绘制、识读布置图的原则

布置图是根据电气元件在控制板上的实际安装位置，采用简化的外形符号（如正方形、矩形、圆形等）而绘制的一种简图，如图 3.1.5 所示。它不表示各电器的具体结构、作用、接线情况以及工作原理，主要用于电气元件的布置和安装。图中各电器的文字符号必须与电路图和接线图的标注相一致。

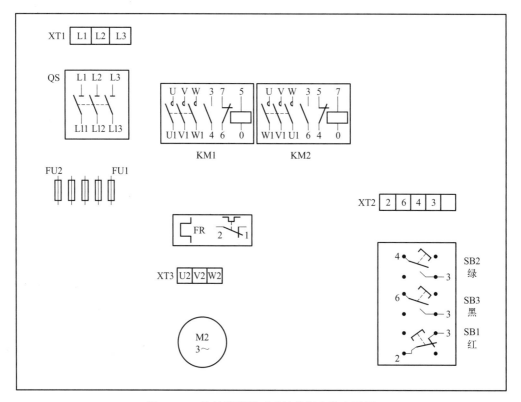

图 3.1.5　接触器联锁正反转控制电路布置图

识读布置图

要求各电气元器件布局合理、整齐。布局时，主电路的电气元件处于线路图左侧，从上而下依次是电源、熔断器、接触器、热继电器（包括其他继电器）、端子排、电动机等；辅助线路（控制线路）的电气元件位于右侧，从上而下依次是电源进线、熔断器、按钮等。

电气元件的布置应注意以下几方面。

① 体积大和较重的电气元件应安装在电器安装板的下方，而发热元件应安装在电器安装板的上面。

② 强电、弱电应分开，弱电应屏蔽，防止外界干扰。

③ 需要经常维护、检修、调整的电气元件安装位置不宜过高或过低。

④ 电气元件的布置应考虑整齐、美观、对称。外形尺寸与结构类似的电器安装在一起，以利于安装和配线。

⑤ 电气元件布置不宜过密，应留有一定间距。如用走线槽，应加大各排电器间距，以利于布线和维修。

在实际应用中，电路图、接线图和布置图要结合起来使用。

3.1.2.6　电动机基本控制线路的安装步骤及要求

(1) 安装步骤

电动机电气控制电路的连接，不论采用哪种配线方式，一般都按以下步骤进行。

① 识读电路图，明确电路所用电气元件及其作用，熟悉电路的工作原理。在电气原理图上编写线号。

② 根据电路图或元件明细表配齐电气元件，并进行检验。检验时注意以下几点。

a. 外观检查。检查是否清洁完整，外壳有无裂纹，各接线桩螺栓有无缺失、生锈等现象，零部件是否齐全。

b. 检查电气元件的电磁机构动作是否灵活，有无衔铁卡阻、吸合位置不正等不正常现象。用万用表检查电磁线圈的通断情况，测量它们的直流阻值并做好记录，以备检查线路和排除故障时作为参考。新品使用前应拆开并清除铁芯端的防锈油。检查衔铁复位弹簧是否正常。

c. 检查电气元件触头有无熔焊、变形、严重氧化锈蚀现象，触头的闭合、分断动作是否灵活，触头开距、超程是否符合要求，接触压力弹簧是否有效。核对各电气元件的规格与图纸要求是否一致，如电压等级，电流容量，触头数目、开闭状况，时间继电器的延时类型等。

d. 检查有延时作用的电气元件的功能，如时间继电器的延时动作、延时范围及整定机构的作用；检查热继电器的热元件和触头的动作情况。

③ 根据电气元件选配安装工具和控制板。

④ 根据电路图绘制布置图和接线图，然后按要求在控制板上安装电气元件（电动机除外），并贴上醒目的文字符号。在确定电气元件安装位置时，应做到既方便安装时布线，又要考虑到便于检修。电气控制电路实训安装板如图 3.1.6 所示。

⑤ 根据电动机容量选配主电路导线的截面，控制电路导线一般采用截面为 1mm² 的 BVR 线；按钮线一般采用截面为 0.75mm² 的 BVR 线；接地线一般采用截面不小于

图 3.1.6　电气控制电路实训安装板

1.5mm² BVR 的线。按接线图规定的方位，在固定好的电气元件之间测量距离确定所需导线的长度，截取相应导线的长短，剥去导线两端的绝缘（注意绝缘剥离时不要过长）。为保证导线与端子接触良好，要用电工刀将线芯的氧化层刮去；使用多股导线时，将线头绞紧，必要时可进行烫锡处理。

⑥ 根据接线图布线，同时将剥去绝缘层的两端线头套上标有与电路图相一致编号的编码套管（线号管）。

⑦ 安装电动机。

⑧ 连接电动机和所有电气元件金属外壳的保护接地线。

⑨ 连接电源和电动机等控制板外部的导线。

⑩ 自检。

⑪ 复检。

⑫ 通电试车。

（2）安装要求

① 板上安装的电气元件的名称，型号，工作电压性质、数值，信号灯及按钮的颜色等，都应正确无误，固定应牢固、排列整齐。为防止电气元件的外壳压裂损坏，在醒目处应贴上各器件的文字符号。

② 连接导线要采用规定的颜色。

a. 接地保护导线（PE）必须采用黄绿双色。

b. 动力电路的中线（N）和中间线（M）必须是浅蓝色。

c. 交流和直流动力电路应采用黑色。

d. 直流控制电路应采用蓝色。

③ 按电气接线图确定的走线方向进行布线。可先布主回路线，也可先布控制回路线。对于明露敷设的导线，走线应合理，尽量避免交叉，先将导线校直，把同一走向的导线汇成一束，依次弯向所需的方向，做到横平竖直、拐直角弯、整齐、合理，接点不得松动。操作时要用手将拐角做成 90°的"慢弯"，不要用尖嘴钳将导线做成"死弯"，以免损坏绝缘或操作线芯。进行控制板外部布线时，对于可移动的导线应放适当的余量，使绝缘套管（或金属

软管）在运动时不承受拉力。导线的绝缘和耐压要符合电路要求，敷设线路时不得损伤导线绝缘及线芯。所有从一个接线桩到另一个接线桩的导线必须是连续的，中间不能有接头。接线时，可根据接线桩的情况，将导线直接压接或将导线顺时针方向撅成稍大于螺栓直径的圆环，加上金属垫圈压接。

④ 主回路和控制回路的线号套管必须齐全，每一根导线的两端都必须套上编码套管。套管上的线号可用环乙酮与龙胆紫调和，不易褪色。在遇到 6 和 9 或 16 和 19 这类倒顺都能读数的号码时，必须做记号加以区别，以免造成线号混淆。

⑤ 安装时按钮的相对位置及颜色。

a. 停止按钮应置于启动按钮的上方或左侧，当用两个启动按钮控制相反方向时，停止按钮可放置在中间。

b. 停止按钮和急停按钮用红色，启动按钮用绿色，启动和停止交替动作的按钮用黑色、白色或灰色，点动按钮用黑色，复位按钮用蓝色，当复位按钮带有停止作用时则须用红色。

⑥ 安装指示灯及光标按钮的颜色。

a. 指示灯颜色的含义：红色表示危险或报警；黄色表示警告；绿色表示安全；白色表示电源开关接通。

b. 光标按钮颜色的用法：红色表示停止或断开；黄色表示注意或警告；绿色表示启动；蓝色表示指示或命令执行某任务；白色表示接通辅助电路。

(3) 通电前的检查及通电试运转

安装完毕的控制线路板，必须经过认真检查后，才能通电试车，以防止错接、漏接造成不能实现控制功能或短路事故。检查内容如下。

① 按电气原理图或电气接线图从电源端开始，逐段核对接线及接线端子处的线号。重点检查主回路有无漏接、错接及控制回路中容易接错之处。检查导线压接是否牢固、接触良好，用手一一摇动、拉拨端子上的接线，不允许有松脱现象，以免带负载运转时产生打弧现象。

② 未通电前，用手动模拟电器操作动作，用万用表检查线路的通断情况，主要根据线路控制动作来确定测量点。可先断开控制回路，用欧姆挡检查主回路有无短路现象；然后断开主回路检查控制回路有无开路或短路现象，自锁、联锁装置的动作及可靠性。

③ 用 500V 兆欧表检查线路的绝缘电阻，不应小于 1MΩ。

为保证人身安全，在通电试运转时，应认真执行安全操作规程的有关规定，一人监护，一人操作。试运转前应清点工具，清除安装板上的线头等杂物，装好接触器的灭弧罩，安装熔断器等，检查与通电试运转有关的电气设备是否有不安全的因素存在。查出后应立即整改，方能试运转。通电试运转的顺序如下。

① 空载试运转：先切除主电路，装上控制电路熔断器，接通三相电源，合上电源开关，用试电笔检查熔断器出线端，氖管亮，则电源接通。按动操作按钮，观察接触器、继电器动作情况是否正常，并符合线路功能要求；检查自锁、联锁控制；用绝缘棒操作行程开关或限位开关控制作用等。观察电气元件动作是否灵活，有无卡阻及噪声过大等现象，有无异味。检查负载接线端子三相电源是否正常。经反复几次操作，均正常后方可进行带负载试运转。

② 带负载试运转：切断电源，装好主电路熔断器，先接上检查完好的电动机连线后，再接三相电源线，检查接线无误后，再合闸送电。按控制原理启动电动机。当电动机平衡运行时，用钳形电流表测量三相电流是否平衡。通电试运行完毕，停转、断开电源。先拆除

三相电源线，再拆除电动机线，完成通电试运转。需要注意的是：在启动电动机后，应做好停止电动机准备，以便发现电动机启动困难、发出噪声及线圈过热等异常现象时立即停车。

3.1.2.7 简单电气控制线路故障分析与检修方法

(1) 常见电气控制线路故障分析

电气控制线路常见的故障主要有断路、短路、电动机过热、过压、欠压和相序错乱等故障。各类故障出现的现象不尽相同，同一类故障也会有不同的表现形式，必须结合具体情况来进行分析。下面针对一些常见故障的产生原因进行分析。

① 断路故障。断路故障产生的主要原因有线路接头松脱和接触不良、导线断裂、熔断器熔断、开关未闭合、控制电器不动作和触头接触不良等。这类故障会导致受控对象（一般是电动机）不工作和设备部分或全部功能不能实现等现象。

② 短路故障。短路故障产生的主要原因有接线错误、导线和器件短接，以及器件触头粘接等。这类故障会导致保护器件（熔断器和断路器等）动作，使设备不能工作。

③ 电动机过热。电动机过热一般是由过电流造成的，而产生过电流的主要原因有过载、断相和电动机自身的机械故障等。电动机长时间过热会导致内部绕组绝缘能力下降而被击穿烧毁。

④ 过压故障。过压的主要原因是接线错误和设备或器件选择不当。这类故障可能会导致设备和器件烧毁。

⑤ 欠压故障。欠压故障产生的主要原因是接线端子接触不良或器件接触不良、接线错误。这类故障会导致控制器件不能正常吸合，长时间欠压还会引起电动机电流增大过热，甚至烧毁。

⑥ 相序错乱故障。相序错乱故障产生的主要原因是供电电源出现问题或接线错误。这类故障会导致交流电动机的旋转方向反向，可能造成事故。

(2) 常见电气控制线路故障检修方法

当电气控制线路出现故障时，应根据故障现象，结合电路原理图，通过分析、观察和询问等方法，对故障进行判断，并借助万用表、低压验电器和绝缘电阻表等仪器设备进行测量，找准故障点，排除故障。电气控制线路故障检修有如下方法。

① 通电试验法。用通电试验法观察故障现象，初步判定故障范围。通电试验法是在不扩大故障范围，不损坏电气和机械设备的前提下，对线路进行通电试验。通过观察电气设备和电气元件的动作，判断它是否正常，各控制环节（如电动机、各接触器和时间继电器等）的动作程序是否符合工作原理要求。若出现异常现象，应立即断电检查，找出故障发生部位或回路。

② 逻辑分析法。用逻辑分析法缩小故障范围，并在电路图上标出故障部位的最小范围。逻辑分析法是根据电气控制线路的工作原理、控制环节的动作程序以及它们之间的联系，结合故障现象作具体的分析，迅速缩小故障范围，从而判断出故障所在。这种方法是一种以准为前提、以快为目的的检查方法，特别适用合复杂线路的故障检查。

③ 电压测量法。电压测量法是在线路通电的情况下，通过对各部分电压的测量来查找故障点。这种方法不需要拆卸器件和导线，测试结果比较直观，适宜对断路故障、过压故障和欠压故障进行检修，是故障检修中常用的方法。这种方法中常用的仪器仪表有万用表、电

压表和低压验电器。

④ 电阻测量法。电阻测量法是在线路断电的情况下，通过对各部分电路通断和电阻值的测量来查找故障点。这种方法对查找断路和短路故障特别适用，也是故障检修中的重要方法。这种方法一般用万用表的欧姆挡进行测量。

⑤ 电流测量法。电流测量法是在线路通电的情况下，对线路电流进行测量。这种方法适用于对电动机的过热故障检修，同时还可检测电动机的运行状态以及判断三相电流是否平衡。这种方法一般采用万用表电流挡和钳形电流表进行测量。

⑥ 短接法。短接法是在怀疑线路有断路或某一独立功能的部位有断路的情况下，用绝缘良好的导线将其短接，根据短接后的情况来判断该部分线路是否存在故障。这种方法一般用于断路故障的检修。

⑦ 替代法。替代法是对怀疑有故障的器件，用同型号和规格的器件进行替换，替换后若电路恢复正常，就可以判断是被替代器件的故障。

⑧ 观察法。观察法是在线路通电的情况下，操作各控制器件（如开关、按钮等），观察相应受控器件（如接触器、继电器线圈等）的动作情况，以及观察设备有无异常声响、颜色和气味，从而确定故障范围的方法。

上述几种方法常需配合使用。在实践中，灵活应用各方法并不断总结经验，才能又快又准地对电气控制线路出现的故障进行检修。

（3）注意事项

① 检修前要先掌握电路图中各个控制环节的作用和原理，并熟悉电动机的接线方法。

② 在检修过程中严禁扩大和产生新的故障，否则，要立即停止检修。

③ 检修思路和方法要正确。

④ 带电检修故障时，必须有专业人员在现场监护，并要确保用电安全。

⑤ 检修必须在规定时间内完成。

3.1.3　任务实施

3.1.3.1　任务要求

能正确指出 TK1640 数控车床电气控制中的 380V 强电回路图的主要元器件，并能说明每个元器件在电路中的作用；能正确分析其控制过程；填写任务工单。

3.1.3.2　仪器、设备、元器件及材料

数控车床 380V 强电回路图、通用维修电工实训台、数控机床电气维修手册。

3.1.3.3　任务原理与说明

该任务的实施主要是加强对电气识图的熟悉。通过任务的实施掌握电气识图方法。

3.1.3.4　任务内容及步骤

该任务的主要内容是熟悉电气识图方法。TK1640 数控车床电气控制中的 380V 强电回

路如图 3.1.7 所示。

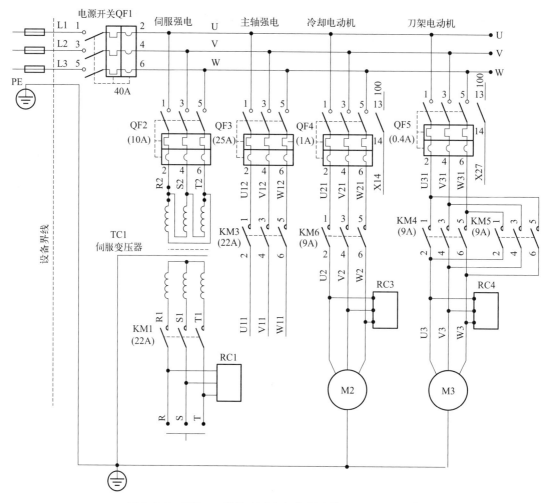

图 3.1.7　TK1640 数控车床电气控制中的 380V 强电回路

① 准备资料，如电气元件手册、数控机床维修手册等。

② 打开 TK1640 数控车床电气控制中的 380V 强电回路图，确定电气元件。

③ 电路分析。图 3.1.7 中 QF1 为电源总开关。QF3、QF2、QF4、QF5 分别为主轴强电、伺服强电、冷却电动机、刀架电动机的空气开关，它们的作用是接通电源及在短路、过流时起保护作用；其中 QF4、QF5 带辅助触头，该触头输入到 PLC，作为 QF4、QF5 的状态信号，并且这两个空气开关的保护电流为可调的，可根据电动机的额定电流来调节空气开关的设定值，起到过流保护作用。KM3、KM1、KM6 分别为主轴电动机、伺服电动机、冷却电动机交流接触器，由它们的主触头控制相应电动机；KM4、KM5 为刀架正反转交流接触器，用于控制刀架的正反转。TC1 为三相伺服变压器，将交流 380V 变为交流 200V，供给伺服电源模块。RC1、RC3、RC4 为阻容吸收，当相应的电路断开后，吸收伺服电源模块、冷却电动机、刀架电动机中的能量，避免产生过电压而损坏器件。

④ 填写任务工单。

⑤ 资料整理。

3.1.3.5　注意事项

在电路分析中，要注意保护电路的分析。

3.1.4　任务考核

针对考核任务，相应的考核评分细则参见表3.1.1。

表 3.1.1　评分细则

序号	考核内容	考核项目	配分	评分标准	得分
1	电气原理图、电气元件布置图、电气接线图的绘制原则	了解电气原理图、电气元件布置图、电气接线图的绘制原则	20分	（1）了解电气原理图的绘制原则（6分）； （2）了解电气元件布置图绘制原则（7分）； （3）了解电气接线图的绘制原则（7分）	
2	识读电气原理图	能够熟练识读电气原理图	40分	（1）能正确指出TK1640数控车床电气控制中的380V强电回路图的主要元器件（5分）； （2）能说明每个元器件在电路中的作用（15分）； （3）能正确分析其控制过程（20分）	
3	绘制、识读电气图	能够熟练绘制、识读电气图	40分	（1）根据电气原理图正确绘制电气元件布置图（20分）； （2）根据电气元件布置图正确绘制电气接线图（20分）	
4	安全文明生产	积累电路制作经验，养成好的职业习惯		违反安全文明操作规程酌情扣分	
合计			100分		

注：每项内容的扣分不得超过该项的配分。任务结束前，填写、核实制作和维修记录单并存档。

3.1.5　思考与练习

① 如何绘制电气原理图、电气元件布置图和电气接线图？
② 如何用万用表电阻法对继电控制电路进行故障排查？

任务 3.2　安装与检修三相异步电动机点动和连续运行控制线路

3.2.1　任务分析

三相异步电动机在使用过程中，需要经常启动。电动机从接通电源开始，转子转速由零上升到稳定状态的过程称为启动过程，简称启动。为了获得良好的启动性能，就需要对电动机的启动进行控制。

三相异步电动机启动时，一方面要求电动机具有足够大的启动转矩，使电动机拖动生产机械尽快达到正常运行状态；另一方面又要求启动电流不要太大，以免电网产生很大电压降，影响接在同一电网上的其他用电设备的正常工作。此外，还要求启动方法方便、可靠；启动设备简单、经济，易操作和维护。因此，应根据不同情况，选择不同的启动方法。

人们通常将继电器、接触器等电气元件的控制方式称为电气控制。其电气控制线路是由各种有触头电器，如开关、按钮、接触器、继电器等组成。常见电气控制线路的基本环节有以下几种：点动控制、长动控制、正反转控制、行程控制、顺序控制、多地控制、直接启动与降压启动控制、调速控制和制动控制。而在实际生产中，任何复杂的控制线路或系统，都是由这些简单的基本环节组合而成的。因此，掌握这些基本控制环节是学习电气控制线路的基础。

电动机的单向点动和连续运行控制线路是电动机最基本、最常用的控制线路，掌握其工作原理，学会其接线方法和检修方法，为分析复杂的电动机控制电路和安装、检修复杂的电气电路打下基础。

3.2.2 相关知识

3.2.2.1 三相笼型异步电动机的直接启动控制

由于三相笼型异步电动机具有结构简单、坚固耐用、维护简便等优点，因而获得了广泛的应用。三相笼型异步电动机因无法在转子回路中串接电阻，所以只有直接启动与降压启动两种方法。

直接启动又称全压启动，它是利用刀开关或接触器将笼型异步电动机定子绕组直接接到具有额定电压的电源上进行启动。这种启动方法的优点是启动设备简单、控制电路简单、维修量小。但直接启动时的启动电流约为电动机额定电流的 4～7 倍，过大的启动电流会造成电网电压明显下降，影响在同一电网工作的其他电气设备的正常工作。对于经常启动的电动机，过大的启动电流将造成电动机发热而加速绝缘老化，影响电动机的寿命；同时电动机绕组（尤其是绕组端部）在电动力的作用下，会发生有害变形，可能造成绕组短路而烧坏电机。所以异步电动机能否使用全压启动方法主要考虑两个方面的问题：一是供电网络是否允许；二是生产机械是否允许。应考虑的具体因素如下。

第一，异步电动机的功率低于 7.5kW 时允许全压启动。如果功率大于 7.5kW，而电源容量较大，符合式（3.2.1）要求者，也允许全压启动。

$$\frac{I_{st}}{I_N} \leqslant \frac{3}{4} + \frac{电源变压器总容量（kVA）}{4 \times 电动机功率（kW）} \tag{3.2.1}$$

式中　I_{st}——电动机直接启动的启动电流，A；

　　　I_N——电动机的额定电流，A。

这个经验公式的计算结果只作粗略参考。

第二，电力管理机构的规定：用电单位如有单独的变压器供电，则在电动机启动频繁时，电动机功率小于变压器容量的 20% 时，允许全压启动；如果电动机不经常启动，它的功率小于变压器容量的 30% 时，也可全压启动；如果没有独立的变压器供电（与照明共用），允许全压启动的电动机最大功率，应使启动时的电压降不超过 5%。

3.2.2.2　开关控制线路

用瓷底胶盖刀开关、转换开关或铁壳开关控制电动机的启动和停止，是最简单的手动控制线路。

如图 3.2.1 所示为开关控制线路。图中 M 为被控三相电动机，QS 是开关，FU 是熔断器。合上开关 QS，电动机将通电并旋转。断开 QS，电动机将断电并停转。开关是电动机的控制电器，熔断器是电动机的保护电器。在启动不频繁的地方常用开关直接控制。

3.2.2.3　三相笼型异步电动机的单向点动、长动和点长动控制

(1) 单向点动控制线路

电动机的单向点动控制是电动机最简单的控制方式。点动控制是指按下按钮电动机就启动，松开按钮电动机即停转的控制电路。它能实现电动机短时转动，常用于机床的对刀调整和电动葫芦控制以及地面操作的小型起重机等。

图 3.2.2(a) 是电动机单向点动控制线路原理图，由主电路和控制电路组成。

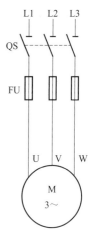

图 3.2.1　开关控制线路

当电动机需要单向点动控制时，先合上电源开关 QS，然后按下启动按钮 SB，接触器 KM 线圈获电，KM 主触头闭合，电动机 M 启动运转。当松开按钮 SB 时，接触器 KM 线圈失电，KM 主触头断开，电动机 M 断电停转。

(2) 单向长动控制线路

生产实际工作中不仅需要点动，有时还需要拖动电动机长时间单向运转，即电动机持续工作，又称为长动。其控制线路如图 3.2.2(b) 所示。

视频扫一扫

点长动

视频扫一扫

点长动控制电路图

合上电源开关 QS 后，按下启动按钮 SB2，接触器 KM 线圈获电，KM 三个主触头闭合，电动机 M 获电启动，同时又使与 SB2 并联的一个常开辅助触头 KM (3-4) 闭合。这个触头叫自锁触头。松开 SB2，控制线路通过 KM 自锁触头使线圈仍保持获电吸合。如需电动机停转，只需按一下停止按钮 SB1，接触器 KM 线圈断电，KM 三副主触头断开，电动机 M 断电停转，同时 KM 自锁触头也断开，所以松开 SB1，接触器 KM 线圈不再获电，需重新启动。

在单向长动控制线路中所用的保护有以下三种。

① 短路保护。由熔断器 FU1、FU2 分别实现主电路与控制电路的短路保护。

② 过载保护。由热继电器 FR 实现电动机的长期过载保护。FR 的热元件串联在电动机的主电路中，当电动机过载达到一定程度时，FR 的动断触头断开，KM 因线圈断电而释放，从而切断电动机的主电路。

③ 失压保护。该电路每次都必须按下启动按钮 SB2，电动机才能启动运行，这就保证了在突然停电而又恢复供电时，不会因电动机自行启动而造成设备和人身事故。这种在突然

停电时能够自动切断电动机电源的保护称为失压（或零压）保护。

④ 欠压保护。如果电源电压过低（如降至额定电压的 85% 以下），则接触器线圈产生的电磁吸力不足，接触器会在复位弹簧的作用下释放，从而切断电动机电源。所以接触器控制电路对电动机有欠压保护的作用。

(3) 单向运行的连续与点动混合控制线路

单向运行的连续与点动混合控制线路简称点长动控制线路，如图 3.2.2(c) 所示。当按下 SB2 按钮时，接触器 KM 的线圈得电，其辅助动合触头闭合自锁，电动机运行；当按 SB1 按钮时，电动机才停止运行。当按下 SB3 按钮时，KM 线圈得电，电动机运行；当松开 SB3 时，按钮复位断开，电动机停止运行，实现对电动机的点动控制。

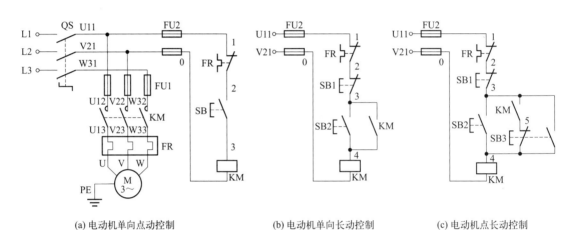

(a) 电动机单向点动控制   (b) 电动机单向长动控制   (c) 电动机点长动控制

图 3.2.2   电动机单向点动、长动和点长动控制线路

（b）（c）中仅示出与（a）中不同的部分

3.2.3　任务实施

3.2.3.1　任务要求

掌握低压电器的使用与接线，明确电路所用电气元件及其作用，掌握检查和测试电气元件的方法；学会由电气原理图变换成安装接线图的方法、线路安装的步骤和安装的基本方法；掌握三相异步电动机的连续与点动混合控制线路的工作原理、安装与调试；理解自锁控制的作用；掌握通电试车和排除故障的方法；增强专业意识，培养良好的职业道德和职业习惯。

3.2.3.2　仪器、设备、元器件、工具及材料

材料工具配置清单如表 3.2.1 所示。

表 3.2.1   材料工具配置清单

序号	名称	型号与规格	数量	检查内容和结果
1	转换开关		1个	
2	三相笼型异步电动机		1台	

序号	名称	型号与规格	数量	检查内容和结果
3	主电路熔断器		3个	
4	控制电路熔断器		2个	
5	交流接触器		1个	
6	组合按钮		3个	
7	热继电器		1个	
8	断路器		1个	
9	接线端子排		2条	
10	网孔板		1块	
11	试车专用线		9根	
12	塑铜线		若干	
13	线槽板		若干	
14	螺钉		若干	
15	万用表		1个	
16	500V兆欧表		1个	
17	编码套管		5m	
18	常用电工工具(试电笔、螺钉旋具、尖嘴钳、斜口钳、剥线钳、镊子、一字型起子、剥线钳、电工刀等)		1套	
19	线路安装工具(冲击钻、弯管器、套螺纹扳手等)		1套	

3.2.3.3　任务内容及步骤

① 识读电气原理图，明确线路所用电气元件及其作用，熟悉线路的工作原理。

② 按材料工具配置清单表配齐所用元件，进行质量检验，并填入表3.2.1中。

a. 电气元件的技术数据应完整并符合要求，外观无损伤。

b. 电气元件的电磁机构动作是否灵活，有无衔铁卡阻等不正常现象。用万用表检查电磁线圈的通断情况以及各触头的分布情况。

c. 接触器线圈额定电压是否与电源电压一致。

d. 对电动机的质量进行常规检查。

③ 根据电路图和绘制原则画出布置图、接线图，确定配电底板的材料和大小，并进行剪裁。在控制板上安装电气元件，并贴上醒目的文字符号；在线路板上进行槽板布线以及套编码管和冷压接线头；连接相关电气元件，并按电路图自检连线的正确性、合理性和可靠性。

注意：刀开关和熔断器的受电端朝向控制板的外侧；热继电器不要装在发热元件的上方，以免影响它正常工作；为消除重力等对电磁系统的影响，接触器要与地面平行安装；其他元件整齐美观。

采用板前明配线的配线方式。导线采用BV单股塑料硬线时，板前明配线的配线规则：主电路的线路通道和控制电路的线路通道分开布置，线路横平竖直，同一平面内不交叉、不重叠，转弯成 90°角，成束的导线要固定、整齐美观。若为平板接线端子，线端应弯成羊眼圈接线；若为瓦状接线端子，线端应为直形，剥皮裸露导线长小于 1mm，并装上与接线图相同的编码套管。每个接线端子上一般不超过两根导线。先配控制电路的线，从控制电路接电源的一侧开始，直到另一侧接电源；然后配主电路的线，从电源侧开始配起，直到接线端子处接电动机的线。

自检时用万用表检查线路的通断情况。应选用倍率适当的电阻挡，并进行校零，以防止短路故障的发生。

对控制电路的检查（可断开主电路），将表棒分别搭在 U11、V21 线端上，此时读数应为"∞"。按下 SB₁ 或按下 SB2，或用起子按下 KM 的衔铁时，指针应偏转很大，读数应为接触器线圈的直流电阻。

④ 安装电动机，可靠连接电动机和电气元件金属外壳的保护接地线；连接控制板外部的接线。

⑤ 经检查合格后，方可通电试车。

⑥ 调试。

a. 调试前的准备。

ⅰ. 检查电路元件位置是否正确、有无损坏，导线规格和接线方式是否符合设计要求，各种操作按钮和接触器是否灵活可靠，热继电器的整定值是否正确，信号和指示装置是否完好。

ⅱ. 对电路的绝缘电阻进行测试，连接导线绝缘电阻不小于 7MΩ，电动机绝缘电阻不小于 0.5MΩ。

b. 调试过程。

ⅰ. 在不接主电路电源的情况下，接通控制电路电源。按下启动按钮检查接触器的自锁功能是否正常。若发现异常，立即断电检修，查明原因，找出故障，消除故障再调试，直至正常。

ⅱ. 接通主电路和控制电路的电源，检查电动机转向和转速是否正常。正常后，在电动机转轴上加负载，检查热继电器是否有过负荷保护作用。若有异常，立即停电查明原因并检修。

⑦ 检修。检修时常采用万用表电阻法和电压法。电压法是在线路不断电的情况下，使用万用表交流电压挡测电路中各点的电压。万用表的黑表笔压在电源零线上，红表笔从火线开始逐点测量电压，电压正常说明红表笔经过的电气元件无故障，否则为有故障，应断电检修。电阻法是在电路不通电的情况下进行的，此法较安全，便于学生使用。检修时用万用表，在不通电的情况下，按住启动按钮测控制电路各点的电阻值，确定故障点。压下接触器衔铁测主电路各点的电阻确定主电路故障并将其排除。注意：万用表测试正常后方可通电试验。检修举例如下。

a. 三相异步电动机直接启动电路接通后，给控制电路接通电源，按下启动按钮，接触器不动作。检查步骤如下：断开电源，选择万用表欧姆挡红表笔固定在图 3.2.3 电阻法测量电路的 4 点，按住启动按钮，黑表笔顺序接触 3、2、1、0 各点。若 $R_3 = \infty$，表示热继电器动合触头断开，应按复位按钮或修复；若 $R_2 = \infty$，表示动断按钮断开，应检查并修复；若 $R_1 = \infty$，说明启动按钮不能接通电路；若 $R_0 = \infty$，说明接触器线圈电路不通，应检查接线是否良好，若接线良好可确定是线圈断线，应更换接触器。电阻法测量流程如图 3.2.4 所示。

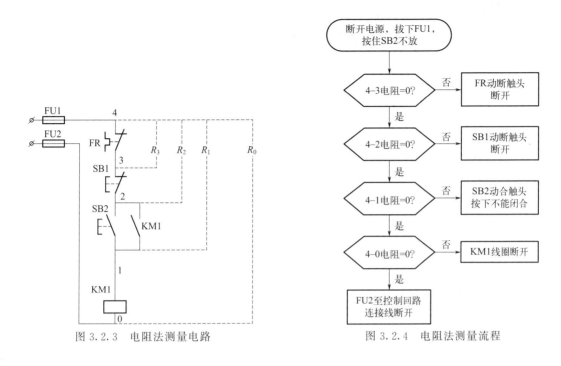

图 3.2.3　电阻法测量电路　　　　图 3.2.4　电阻法测量流程

　　b. 三相异步电动机控制电路正常，接通主电路电源，电动机嗡嗡响，但不启动。主电路缺相故障检查流程如图 3.2.5 所示。

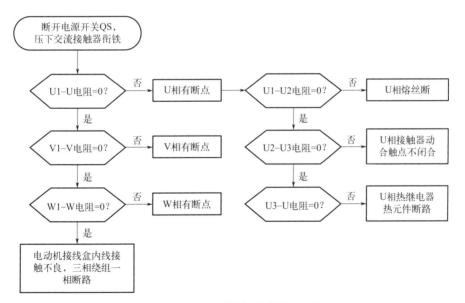

图 3.2.5　主电路缺相故障检查流程

　　⑧ 通电试车完毕，停转，切断电源。先拆除三相电源线，再拆除电动机线。

　　⑨ 填写检修记录单。检修记录单一般包括设备编号、设备名称、故障现象、故障原因、排除方法、维修日期、所需材料等项目。记录单（见表 3.2.2）可清楚表示出设备运行和检

修情况，为以后设备运行和检修提供依据，故必须认真填写。

表 3.2.2   三相异步电动机的单向点长动控制电路故障排除检修报告

项目	检修报告栏	备注
故障现象与 故障部位		
故障 分析		
故障检 修过程		

3.2.3.4   注意事项

① 螺旋式熔断器的接线应正确，以确保用电安全。

② 在训练过程中要做到安全操作和文明生产。在调试和检修及其他项目制作过程中，安全始终是最重要的，带电测试或检修时要经过老师同意，且一人监护，一人操作，有异常现象应立即停车。

③ 训练结束后要清理好训练场所，关闭电源总开关。

3.2.4   任务考核

技能考核任务书如下。

三相异步电动机单向点长动控制电路的设计、安装与调试任务书

1. **任务名称**

设计、制作、安装与调试三相异步电动机的单向点长动控制电路。

2. **具体任务**

某运动控制系统的电动机要求有连续和点动控制，电动机型号为 Y-112M-4,4kW、380V、△接法、8.8A、1440r/min，请按要求完成系统设计、安装、调试与功能演示。

3. **考核要求**

(1)手工绘制电气原理图并标出端子号，手工绘制元件布置图，根据电机参数和原理图列出元器件清单。

(2)进行系统的安装、接线。要求元器件布置整齐、匀称、合理，安装牢固；导线进线槽，且布置美观；接线端接编码套管；接点牢固，接点处裸露导线长度合适，无毛刺；电动机和按钮接线进端子排。

(3)进行系统的调试。进行器件整定，写出系统调试步骤并完成调试。

(4)通电试车，完成系统功能演示。

续表

4. 考点准备器材
考点提供的材料、工具清单见表3.2.1。
5. 时间要求
本模块操作时间为180min,时间到立即终止任务。
6. 说明
电路所需电源为380V交流电源。

针对考核任务，相应的考核评分细则参见表3.2.3。

表 3.2.3　评分标准

序号	考核内容	考核项目	配分	评分标准	得分
1	电动机及电气元件的检查	检查方法正确，完整填写元件明细表	20分	每漏检或错检一项扣5分	
2	接线质量	(1)根据电气原理图正确绘制接线图,按接线图接线,电气接线符合要求； (2)能正确使用工具熟练安装元件,安装位置合格； (3)布线合理、规范、整齐； (4)接线紧固、接触良好	40分	接线图每处错误扣1分；不按图接线扣15分；错接、漏接、多接一根线扣5分；触头使用不正确,每处扣3分；安装有问题,一处扣2分；布线不整齐、不合理,每处扣2分	
3	通电试车	(1)用万用表对控制电路进行检查； (2)用万用表对主电路进行检查； (3)对控制电路进行通电试验； (4)接通主电路的电源,接入电动机,不加负载进行空载试验； (5)接通主电路的电源,接入电动机进行带负载试验,直到电路工作正常为止	40分	没有检查扣10分；第一次试车不成功扣10分,第二次试车不成功扣20分	
4	安全文明生产	(1)积累电路制作经验,养成好的职业习惯； (2)不违反安全文明生产规程,做完清理场地		违反安全文明操作规程酌情扣分	
	合计		100分		

注：每项内容的扣分不得超过该项的配分。任务结束前，填写、核实制作和维修记录单并存档。

3.2.5　思考与练习

① 什么是三相异步电动机的启动？三相异步电动机有哪些启动方法？

② 什么是三相异步电动机的直接启动？在什么条件下允许直接启动？直接启动有什么优缺点？

③ 三相异步电动机有哪几种保护？各采用什么电器来进行何种保护？

④ 什么叫自锁？在控制电路中可起什么作用？

⑤ 在如图 3.2.2(b) 所示的电动机单向运行控制线路中，将电源开关 QS 合上后按下启动按钮 SB2，发现有下列现象，试分析和处理故障。

a. 接触器 KM 不动作；

b. 接触器 KM 动作，但电动机不转动；

c. 电动机转动，但一松手电动机就停转；

d. 接触器动作，但吸合不上；

e. 接触器触头有明显颤动，噪声较大；

f. 接触器线圈冒烟甚至烧坏；

g. 电动机不转动或转得很慢，并有嗡嗡声。

⑥ 什么叫主电路？什么叫控制电路？它们有什么区别？

⑦ 点动控制与连续运行控制电路有什么不同？

任务 3.3　安装与检修三相异步电动机多地控制线路

3.3.1　任务分析

电动机的多地控制线路是电动机最基本、最常用的控制线路之一，掌握其工作原理，学会其接线方法和检修方法，为分析复杂的电动机控制电路和安装、检修复杂的电气电路打下基础。

3.3.2　相关知识

能在两地或多地控制同一台电动机的控制方式叫电动机的多地控制。如图 3.3.1 所示为两地控制电路。图 3.3.1 中 SB11、SB12 为安装在甲地的启动按钮；SB21、SB22 为安装在乙地的启动按钮。线路的特点是两地的启动按钮 SB11、SB21 并联在一起，停止按钮 SB12、SB22 并联在一起，这样就可以在甲、乙两地启停同一台电动机，达到操作方便的目的。

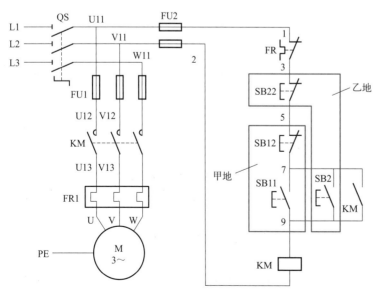

视频扫一扫

多地控制线路

图 3.3.1　两地控制电路

控制线路工作原理如下。

先合上电源开关 QS。

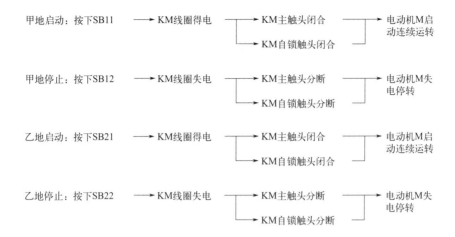

3.3.3 任务实施

3.3.3.1 任务要求

掌握低压电器的使用与接线，明确电路所用电气元件及其作用，掌握检查和测试电气元件的方法；学会由电气原理图变换成安装接线图的方法、线路安装的步骤和安装的基本方法；掌握三相异步电动机多地控制线路的工作原理、安装与调试；掌握通电试车和排除故障的方法；增强专业意识，培养良好的职业道德和职业习惯。

3.3.3.2 仪器、设备、元器件、工具及材料

材料工具配置清单见表3.3.1。

表 3.3.1 材料工具配置清单

序号	名称	型号与规格	数量	检查内容和结果
1	转换开关		1个	
2	三相笼型异步电动机		1台	
3	主电路熔断器		3个	
4	控制电路熔断器		2个	
5	交流接触器		1个	
6	组合按钮		2个	
7	继电器方座		1个	
8	热继电器		1个	
9	断路器		1个	

续表

序号	名称	型号与规格	数量	检查内容和结果
10	接线端子排		2条	
11	网孔板		1块	
12	试车专用线		9根	
13	塑铜线		若干	
14	线槽板		若干	
15	螺钉		若干	
16	万用表		1个	
17	编码套管		5m	
18	常用电工工具(试电笔、螺钉旋具、尖嘴钳、斜口钳、剥线钳、镊子、一字型起子、剥线钳、电工刀等)		1套	
19	线路安装工具(冲击钻、弯管器、套螺纹扳手等)		1套	

3.3.3.3　任务内容及步骤

① 识读电气原理图,明确线路所用电气元件及作用,熟悉线路的工作原理。

② 按材料工具配置清单配齐所用元件,进行质量检验,并填入表3.3.1中。

a. 检查电气元件的技术数据,其应完整并符合要求,外观无损伤。

b. 检查电气元件的电磁机构动作是否灵活,有无衔铁卡阻等不正常现象。用万用表检查电磁线圈的通断情况以及各触头的分布情况。

c. 检查接触器线圈额定电压是否与电源电压一致。

d. 对电动机的质量进行常规检查。

③ 根据电路图和绘制原则画出布置图、接线图,确定配电底板的材料和大小,并进行剪裁。在控制板上安装电气元件,并贴上醒目的文字符号;在线路板上进行槽板布线,以及套编码管和冷压接线头;连接相关电气元件,并按电路图自检连线的正确性、合理性和可靠性。

注意: 刀开关和熔断器的受电端朝向控制板的外侧;热继电器不要装在发热元件的上方,以免影响它正常工作;为消除重力等对电磁系统的影响,接触器要与地面平行安装;其他元件整齐美观。

采用板前明配线的配线方式。导线采用BV单股塑料硬线时,板前明配线的配线规则:主电路的线路通道和控制电路的线路通道分开布置,线路横平竖直,同一平面内不交叉、不重叠,转弯成90°角,成束的导线要固定、整齐美观。若为平板接线端子,线端应弯成羊眼圈接线;若为瓦状接线端子,线端应为直形,剥皮裸露导线长小于1mm,并装上与接线图相同的编码套管。每个接线端子上一般不超过两根导线。先配控制电路的线,从控制电路接电源的一侧开始,直到另一侧接电源;然后配主电路的线,从电源侧开始配起,直到接线端子处接电动机的线。

自检时用万用表检查线路的通断情况。应选用倍率适当的电阻挡,并进行校零,以防止短路故障的发生。

对控制电路的检查（可断开主电路）：将表棒分别搭在 U11、V11 线端上，此时读数应为∞。按下 SB11，或按下 SB21，或用起子按下 KM 的衔铁时，指针应偏转很大，读数应为接触器线圈的直流电阻。

④ 安装电动机，可靠连接电动机和电气元件金属外壳的保护接地线；连接控制板外部的接线。

⑤ 经检查合格后，方可通电试车。

⑥ 调试。

a. 调试前的准备。

ⅰ. 检查电路元件位置是否正确、有无损坏，导线规格和接线方式是否符合设计要求，各种操作按钮和接触器是否灵活可靠，热继电器的整定值是否正确，信号和指示装置是否完好。

ⅱ. 对电路的绝缘电阻进行测试，连接导线绝缘电阻不小于 7MΩ，电动机绝缘电阻不小于 0.5MΩ。

b. 调试过程。

ⅰ. 在不接主电路电源的情况下，接通控制电路电源。按下启动按钮检查接触器的自锁功能是否正常。若发现异常，立即断电检修，查明原因，找出故障，消除故障后再调试，直至正常。

ⅱ. 接通主电路和控制电路的电源，检查电动机转向和转速是否正常。正常后，在电动机转轴上加负载，检查热继电器是否有过负荷保护作用。若有异常，立即停电查明原因并检修。

⑦ 故障检修（如图 3.3.2 所示）。

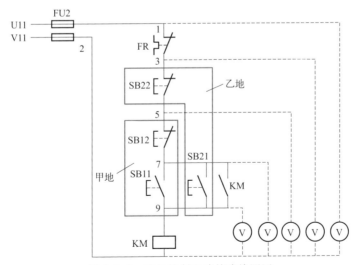

图 3.3.2　两地控制电路故障检测图

依据图 3.3.1，仅示出检测部分

a. 用实验法观察故障现象：先合上电源开关 QS，然后按下 SB11 或 SB21，KM 均不吸合。

b. 用逻辑分析法判定故障范围：根据故障现象（KM 不吸合），结合电路图，可初步确定故障点可能在控制电路的公共支路上。

c. 用测量法确定故障点：采用电压分阶测量法。测量时，先合上电源开关 QS，然后把万用表的转换开关置于交流 500V 挡上，然后一只手按下 SB11 或 SB21 不放，另一只手把万用表黑表笔接到 2 点上，红表笔依次接 1、3、5、7、9 各点，分别测量 2-1、2-3、2-5、2-7、2-9 之间的电压值，根据测量结果可找出故障点。故障现象见表 3.3.2。

表 3.3.2　故障现象

故障现象	测试状态	2-1	2-3	2-5	2-7	2-9	故障点
按下 SB11 或 SB21 时，KM 不吸合	按下 SB11 不放	0	0	0	0	0	FU2 熔断
		380V	0	0	0	0	FR 常闭触头接触不良
		380V	380V	0	0	0	SB22 接触不良
		380V	380V	380V	0	0	SB12 接触不良
		380V	380V	380V	380V	0	SB11 或 SB21 接触不良
		380V	380V	380V	380V	380V	KM 线圈断路

d. 根据故障点的情况，采取正确的检修方法，排除故障。

ⅰ. FU2 熔断。可查明熔断的原因，排除故障后更换相同规格的熔体。

ⅱ. FR 常闭触头接触不良。若按下复位按钮时，热继电器常闭触头不能复位，则说明热继电器已损坏，可更换同型号的热继电器，并调整好其整定电流值；若按下复位按钮时，FR 的常闭触头复位，则说明 FR 完好，可继续使用，但要查明 FR 常闭触头动作的原因并排除。

ⅲ. SB22 接触不良。更换按钮 SB22。

ⅳ. SB12 接触不良。更换按钮 SB12。

ⅴ. SB11 或 SB21 接触不良。更换按钮 SB11 或 SB21。

ⅵ. KM 线圈断路。更换相同规格的线圈或接触器。

⑧ 通电试车完毕，停转，切断电源。先拆除三相电源线，再拆除电动机线。

⑨ 填写检修记录单。检修记录单一般包括设备编号、设备名称、故障现象、故障原因、排除方法、维修日期、所需材料等项目。记录单（表 3.3.3）可清楚表示出设备运行和检修情况，为以后设备运行和检修提供依据，故必须认真填写。

表 3.3.3　三相异步电动机多地控制电路故障排除检修报告

项目	检修报告栏	备注
故障现象与故障部位		
故障分析		
故障检修过程		

3.3.3.4　注意事项

① 螺旋式熔断器的接线应正确，以确保用电安全。

② 接触器联锁触头接线必须正确，否则将会造成主电路中两相电源短路事故。

③ 通电试车时，应先合上 QS，再按下 SB11（或 SB21），看控制是否正常。

④ 在训练过程中要做到安全操作和文明生产。在调试和检修，以及其他项目制作过程中，安全始终是最重要的，带电测试或检修时要经过老师同意，且一人监护、一人操作，有异常现象应立即停车。

⑤ 训练结束后要清理好训练场所，关闭电源总开关。

3.3.4　任务考核

技能考核任务书如下。

三相异步电动机的多地控制电路的设计、安装与调试任务书
1. 任务名称 设计、制作、安装与调试三相异步电动机的多地控制电路。 2. 具体任务 　对于某台机床，因加工需要，加工人员应该在机床正面和侧面均能进行操作，即要求实现两地控制。三相异步电动机型号为 Y-112M-4，4kW、380V、△接法、8.8A、1440r/min，请按要求完成系统设计、安装、调试与功能演示。 3. 考核要求 　(1)手工绘制电气原理图并标出端子号，手工绘制元件布置图，根据电机参数和原理图列出元器件清单。 　(2)进行系统的安装、接线。安装前应对元器件检查；要求完成主电路、控制电路的安装布线；要求元器件布置整齐、匀称、合理，安装牢固；按要求进行线槽布线，导线必须沿线槽在槽内走线，线槽出线应整齐美观；接线端接编码套管；接点牢固，接点处裸露导线长度合适，无毛刺；电动机和按钮接线进端子排；线路连接应符合工艺要求，不损坏电气元件；安装工艺符合相关行业标准。 　(3)进行系统的调试。进行器件整定，写出系统调试步骤并完成调试。 　(4)通电试车，完成系统功能演示。 4. 考点准备器材 考点提供的材料、工具清单见表 3.3.1。 5. 时间要求 本模块操作时间为 180min，时间到立即终止任务。 6. 说明 电路所需电源为 380V 交流电源。

针对考核任务，相应的考核评分细则参见表 3.3.4。

表 3.3.4　评分标准

序号	考核内容	考核项目	配分	评分标准	得分
1	电动机及电气元件的检查	检查方法正确,完整填写元件明细表	20 分	每漏检或错检一项扣 5 分	
2	接线质量	(1)根据电气原理图正确绘制接线图,按接线图接线,电气接线符合要求; (2)能正确使用工具熟练安装元器件,安装位置合格; (3)布线合理、规范、整齐; (4)接线紧固、接触良好	40 分	不按图接线扣 15 分;错接、漏接、多接一根线扣 5 分;触头使用不正确,每个扣 3 分;布线不整齐、不合理,每处扣 2 分	
3	通电试车	(1)用万用表对控制电路进行检查; (2)用万用表对主电路进行检查; (3)对控制电路进行通电试验; (4)接通主电路的电源,接入电动机,不加负载进行空载试验; (5)接通主电路的电源,接入电动机进行带负载试验,直到电路工作正常为止	40 分	没有检查扣 10 分;第一次试车不成功扣 10 分,第二次试车不成功扣 20 分	
4	安全文明生产	(1)积累电路制作经验,养成好的职业习惯; (2)不违反安全文明生产规程,做完清理场地		违反安全文明操作规程酌情扣分	
	合计		100 分		

注:每项内容的扣分不得超过该项的配分。任务结束前,填写、核实制作和维修记录单并存档。

3.3.5　思考与练习

什么叫电动机的多地控制?

 任务 3.4　安装与检修三相异步电动机顺序控制线路

3.4.1　任务分析

电动机的顺序控制线路是电动机最基本、最常用的控制线路之一,掌握其工作原理,学会其接线方法和检修方法,为分析复杂的电机控制电路和安装、检修复杂的电气电路打下基础。

3.4.2　相关知识

在某些机床控制线路中,有时不能随意启动或停车,而是必须按照一定的顺序操作才行。这种控制线路称为顺序控制线路。

在铣床的控制中,为避免发生工件与刀具的相撞事件,控制线路必须确保主轴铣刀旋转后才能有工件的进给。图 3.4.1 就是具有这种控制功能的线路图。

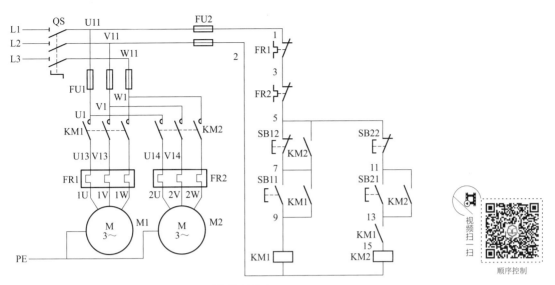

图 3.4.1　顺序控制线路

控制线路工作原理如下。

先合上电源开关 QS。

① 顺序启动：

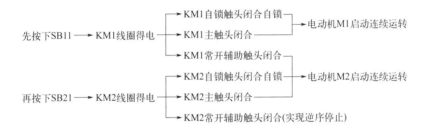

② 逆序停止：

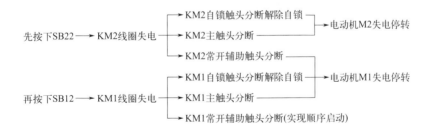

3.4.3　任务实施

3.4.3.1　任务要求

　　掌握低压电器的使用与接线，明确电路所用电气元件及其作用，掌握检查和测试电气元件的方法；学会由电气原理图变换成安装接线图的方法、线路安装的步骤和安装的基本方法；正确理解自锁、互锁的含义；掌握三相异步电动机顺序控制线路的工作原理、安装与调试；掌握通电试车和排除故障的方法；增强专业意识，培养良好的职业道德和职业习惯。

3.4.3.2 仪器、设备、元器件、工具及材料

材料工具配置清单见表3.4.1。

表 3.4.1 材料工具配置清单

序号	名称	型号与规格	数量	检查内容和结果
1	转换开关		1个	
2	三相笼型异步电动机		2台	
3	主电路熔断器		3个	
4	控制电路熔断器		2个	
5	交流接触器		2个	
6	组合按钮		2个	
7	继电器方座		2个	
8	热继电器		2个	
9	断路器		1个	
10	接线端子排		2条	
11	网孔板		1块	
12	试车专用线		9根	
13	塑铜线		若干	
14	线槽板		若干	
15	螺钉		若干	
16	万用表		1个	
17	编码套管		5m	
18	常用电工工具(试电笔、螺钉旋具、尖嘴钳、斜口钳、剥线钳、镊子、一字型起子、剥线钳、电工刀等)		1套	
19	线路安装工具(冲击钻、弯管器、套螺纹扳手等)		1套	

3.4.3.3 任务内容及步骤

① 识读电气原理图，明确线路所用电气元件及作用，熟悉线路的工作原理。

② 按材料工具配置清单配齐所用元件，进行质量检验，并填入表3.4.1中。

a. 电气元件的技术数据应完整并符合要求，外观无损伤。

b. 检查电气元件的电磁机构动作是否灵活，有无衔铁卡阻等不正常现象。用万用表检查电磁线圈的通断情况以及各触头的分布情况。

c. 检查接触器线圈额定电压是否与电源电压一致。

d. 对电动机的质量进行常规检查。

③ 根据电路图和绘制原则画出布置图、接线图，确定配电底板的材料和大小，并进行剪裁。在控制板上安装电气元件，并贴上醒目的文字符号；在线路板上进行槽板布线，以及套编码管和冷压接线头；连接相关电气元件，并按电路图自检连线的正确性、合理性和可靠性。

注意： 闸开关和熔断器的受电端朝向控制板的外侧；热继电器不要装在发热元件的上方，以免影响它正常工作；为消除重力等对电磁系统的影响，接触器要与地面平行安装；其他元件整齐美观。

采用板前明配线的配线方式。导线采用 BV 单股塑料硬线时，板前明配线的配线规则：主电路的线路通道和控制电路的线路通道分开布置，线路横平竖直，同一平面内不交叉、不重叠，转弯成 90°角，成束的导线要固定、整齐美观。若为平板接线端子，线端应弯成羊眼圈接线；若为瓦状接线端子时，线端应为直形，剥皮裸露导线长小于 1mm，并装上与接线图相同的编码套管。每个接线端子上一般不超过两根导线。先配控制电路的线，从控制电路接电源的一侧开始，直到另一侧接电源；然后配主电路的线，从电源侧开始配起，直到接线端子处接电动机的线。

自检步骤如下。

a. 按电路图或接线图从电源端开始，逐段核对接线及接线端子处线号是否正确，有无漏接、错接之处。检查导线接点是否符合要求，压接是否牢固。

b. 用万用表检查线路的通断情况。应选用倍率适当的电阻挡，并进行校零，以防止短路故障的发生。

对于控制电路的检查（可断开主电路），将表棒分别搭在 U11、V11 线端上，此时读数应为∞。

ⅰ. 按下 SB11（或者用起子按下 KM1 的衔铁）时，指针应偏转很大，读数应为接触器 KM1 线圈的直流电阻。

ⅱ. 按下 SB21（或者用起子按下 KM2 的衔铁）时，指针应不动，此时读数应为∞；再同时用起子按下 KM1 的衔铁，指针应偏转很大，读数应为接触器 KM2 线圈的直流电阻。

ⅲ. 同时按下 SB11、SB12，再用起子按下 KM2 的衔铁，指针应偏转很大，读数应为接触器 KM1 线圈的直流电阻。

c. 对主电路的检查（断开控制电路），看有无开路或短路现象，此时可用手动来代替接触器通电进行检查。

d. 用兆欧表检查线路的绝缘电阻应不得小于 1MΩ。

④ 安装电动机，可靠连接电动机和电气元件金属外壳的保护接地线；连接控制板外部的接线。

⑤ 检查无误后通电试车。

通电试车必须征得老师同意，并由老师在现场监护。由老师接通三相电源 L1、L2、L3，学生合上电源开关 QS，按下 SB11，观察接触器 KM1 是否吸合，松开 SB11 接触器 KM1 是否自锁，电动机 M1 运行是否正常等；按下 SB21，观察接触器 KM2 是否吸合，松开 SB21 接触器 KM2 是否自锁，电动机 M2 运行是否正常等；按下 SB12 对两台电动机应没有影响；先按下 SB22，观察接触器 KM2 是否释放，电动机 M2 是否停转；再按下 SB12，观察接触器 KM1 是否释放，电动机 M1 是否停转。

⑥ 调试。

a. 调试前的准备。

ⅰ. 检查电路元件位置是否正确、有无损坏，导线规格和接线方式是否符合设计要求，各种操作按钮和接触器是否灵活可靠，热继电器的整定值是否正确，信号和指示装置是否完好。

ⅱ. 对电路的绝缘电阻进行测试，连接导线绝缘电阻不小于 7MΩ，电动机绝缘电阻不小于 0.5MΩ。

b. 调试过程。

ⅰ. 在不接主电路电源的情况下，接通控制电路电源。按下启动按钮检查接触器的自锁、互锁功能是否正常。发现异常立即断电检修，查明原因，找出故障，消除故障再调试，直至正常。

ⅱ. 接通主电路和控制电路的电源，检查电动机转向和转速是否正常。正常后，在电动机转轴上加负载，检查热继电器是否有过负荷保护作用。若有异常，立即停电查明原因并检修。

⑦ 故障的排除。部分故障现象的排除路径示例如下。

a. 按下 SB11，KM1 不吸合。依次检查电源、FU2、1-3-5-7-9-2 是否有断路故障点。

b. 按下 SB11，KM1 吸合，松开 SB11，KM1 释放。检查 7-9 间（KM1 自锁）是否有故障点。

c. 合上电源，KM1 立即吸合。检查 7-9 间是否短接。

d. 按下 SB21，KM2 吸合。故障是 KM1 常开辅助触头没串联（13-15）。

e. 按下 SB11，KM1 吸合，按下 SB12，KM1 释放。故障是 KM2 常开辅助触头没并联在 SB12 两端（5-7）。

⑧ 通电试车完毕，停转，切断电源。先拆除三相电源线，再拆除电动机线。

⑨ 填写检修记录单。检修记录单一般包括设备编号、设备名称、故障现象、故障原因、排除方法、维修日期、所需材料等项目。记录单（见表 3.4.2）可清楚表示出设备运行和检修情况，为以后设备运行和检修提供依据，故必须认真填写。

表 3.4.2　三相异步电动机顺序控制电路故障排除检修报告

项目	检修报告栏	备注
故障现象与故障部位		
故障分析		
故障检修过程		

3.4.3.4 注意事项

① 螺旋式熔断器的接线应正确，以确保用电安全。

② 接触器联锁触头接线必须正确，否则将会造成主电路中两相电源短路事故。

③ 通电试车时，应先合上 QS，再按下 SB22，电动机应该不能启动；然后再按下 SB12，M1 运转后再按下 SB22，M2 才运转。

④ 在训练过程中要做到安全操作和文明生产。在调试和检修，以及其他项目制作过程中，安全始终是最重要的，带电测试或检修时要经过老师同意，且一人监护、一人操作，有异常现象应立即停车。

⑤ 训练结束后要清理好训练场所，关闭电源总开关。

3.4.4 任务考核

技能考核任务书如下。

三相异步电动机顺序控制电路的设计、安装与调试任务书

1. 任务名称

设计、制作、安装与调试三相异步电动机的顺序控制电路。

2. 具体任务

对于某台机床，因加工需要，加工人员应该在机床正面和侧面均能进行操作，即要求实现两地控制。三相异步电动机型号为 Y-112M-4，4kW、380V、△接法、8.8A、1440r/min，请按要求完成系统设计、安装、调试与功能演示。

3. 考核要求

(1) 手工绘制电气原理图并标出端子号，手工绘制元件布置图，根据电机参数和原理图列出元器件清单。

(2) 进行系统的安装、接线。安装前应对元器件进行检查；要求完成主电路、控制电路的安装布线；要求元器件布置整齐、匀称、合理，安装牢固；按要求进行线槽布线，导线必须沿线槽在槽内走线，线槽出线应整齐美观；接线端接编码套管；接点牢固，接点处裸露导线长度合适，无毛刺；电动机和按钮接线进端子排；线路连接应符合工艺要求，不损坏电气元件；安装工艺符合相关行业标准。

(3) 进行系统的调试。进行器件整定，写出系统调试步骤并完成调试。

(4) 通电试车，完成系统功能演示。

4. 考点准备器材

考点提供的材料工具清单见表 3.4.1。

5. 时间要求

本模块操作时间为 180min，时间到立即终止任务。

6. 说明

电路所需电源为 380V 交流电源。

针对考核任务，相应的考核评分细则参见表3.4.3。

表 3.4.3　评分标准

序号	考核内容	考核项目	配分	评分标准	得分
1	电动机及电气元件的检查	检查方法正确,完整填写元件明细表	20 分	每漏检或错检一项扣 5 分	
2	接线质量	(1)根据电气原理图正确绘制接线图,按接线图接线,电气接线符合要求; (2)能正确使用工具熟练安装元器件,安装位置合格; (3)布线合理、规范、整齐; (4)接线紧固、接触良好	40 分	不按图接线扣 15 分;错接、漏接、多接一根线扣 5 分;触头使用不正确,每个扣 3 分;布线不整齐、不合理,每处扣 2 分	
3	通电试车	(1)用万用表对控制电路进行检查; (2)用万用表对主电路进行检查; (3)对控制电路进行通电试验; (4)接通主电路的电源,接入电动机,不加负载进行空载试验; (5)接通主电路的电源,接入电动机进行带负载试验,直到电路工作正常为止	40 分	没有检查扣 10 分;第一次试车不成功扣 10 分,第二次试车不成功扣 20 分	
4	安全文明生产	(1)积累电路制作经验,养成好的职业习惯; (2)不违反安全文明生产规程,做完清理现场地		违反安全文明操作规程酌情扣分	
合计			100 分		

注：每项内容的扣分不得超过该项的配分。任务结束前,填写、核实制作和维修记录单并存档。

3.4.5　思考与练习

某系统有冷却泵电动机和主电动机,两电动机均为直接启动,单向运转,由接触器控制运行。若车削时需要冷却,则合上旋转开关,且只有主电动机启动后,冷却泵电动机才能启动。主电动机型号为Y-112M-4,4kW、380V、△接法、8.8A、1440r/min,冷却泵电动机型号为Y2-80M1-4,0.55kW、380V、△接法、1.57A、1390r/min。请按要求完成工作台运动系统设计、电气控制系统的安装、接线、调试与功能演示。

要求：设计系统电气原理图（手工绘制,标出端子号）;手工绘制元件布置图;根据电机参数和原理图列出元器件清单;进行系统的安装接线（安装前应对元器件检查;要求完成主电路、控制电路的安装布线;要求元器件布置整齐、匀称、合理,安装牢固;按要求进行线槽布线,导线必须沿线槽在槽内走线,线槽出线应整齐美观;接线端接编码套管;接点牢固,接点处裸露导线长度合适,无毛刺;电动机和按钮接线进端子排;线路连接应符合工艺要求,不损坏电气元件;安装工艺符合相关行业标准）;进行系统的调试（进行器件整定,写出系统调试步骤并完成调试）;通电试车,完成系统功能演示。

说明：电路所需电源为380V交流电源。考点提供的材料工具清单见表3.4.1。

任务 3.5　安装与检修三相异步电动机正反转控制线路

3.5.1　任务分析

电动机的正反转控制线路是电动机最基本、最常用的控制线路之一，掌握其工作原理，学会其接线方法和检修方法，为分析复杂的电机控制电路和安装、检修复杂的电气电路打下基础。

3.5.2　相关知识

在生产过程中，很多生产机械的运行部件都需要正、反两个方向运动，如机床工作台的前进、后退，摇臂钻床中摇臂的上升和下降、夹紧和放松等。要实现三相异步电动机的反转，只须将电动机所接三相电源的任意两根对调即可。

3.5.2.1　接触器联锁的正反转控制线路

接触器联锁正反转控制线路如图 3.5.1(a) 所示。该线路能有效防止由接触器故障造成的电源短路事故，故其应用比较广泛。

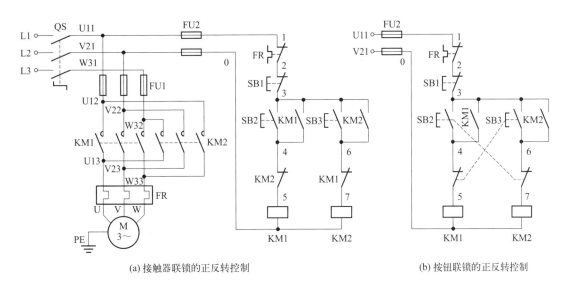

(a) 接触器联锁的正反转控制　　　　　　　　　　(b) 按钮联锁的正反转控制

图 3.5.1　电动机正反转控制线路

图 3.5.1(a) 中采用两个接触器，即正转用的接触器 KM1 和反转用的接触器 KM2。当接触器 KM1 的三对主触头接通时，三相电源的相序按 L1、L2、L3 接入电动机。而当接触器 KM2 的三个主触头接通时，三相电源的相序按 L3、L2、L1 接入电动机，电动机即反转。

必须指出，接触器 KM1 和 KM2 的主触头绝不能同时接通，否则将造成两相电源 L1 和 L3 短路，为此在 KM1 和 KM2 线圈各支路中相互串联对方接触器的一对常闭辅助触头，以保证接触器 KM1 和 KM2 的线圈不会同时通电。KM1 和 KM2 这两个动断辅助触头在线路中所起的作用称为联锁作用，这两个动断触头就叫联锁触头。

正转控制时，按下正转按钮 SB2，接触器 KM1 线圈获电，KM1 主触头闭合，电动机 M 启动正转，同时 KM1 的自锁触头闭合，联锁触头断开。

反转控制时，必须先按停止按钮 SB1，使接触器 KM1 线圈断电，KM1 主触头复位，电动机 M 断电；然后按下反转按钮 SB3，接触器 KM2 线圈获电吸合，KM2 主触头闭合，电动机 M 启动反转，同时 KM2 自锁触头闭合，联锁触头断开。

这种线路的缺点是操作不方便，因为要改变电动机的转向时，必须先要按停止按钮让电动机停转，再按反转按钮才能使电动机反转启动。

3.5.2.2　按钮联锁的正反转控制线路

按钮联锁的正反转控制线路如图 3.5.1(b) 所示。

按钮联锁的正反转控制线路的动作原理与接触器联锁的正反转控制线路基本相似。但由于采用了复合按钮，当按下反转按钮 SB3 时，使接在正转控制线路中的 SB3 常闭触头先断开，正转接触器 KM1 线圈断电，KM1 主触头断开，电动机 M 断电；接着按钮 SB3 的常开触头闭合，使反转接触器 KM2 线圈获电，KM2 主触头闭合，电动机 M 反转起来。这样既保证了正反转接触器 KM1 和 KM2 断电，又可不按停止按钮 SB1 而直接按反转按钮 SB3 进行反转启动；由反转运行转换成正转运行的情况，直接按正转按钮 SB2 即可。

这种线路的优点是操作方便，缺点是易产生短路故障。如正转接触器 KM1 主触头发生熔焊故障而分断不开时，若按反转按钮 SB3 进行换向，则会产生短路故障。

如果将按钮联锁和接触器联锁结合起来，将兼有两者之长，安全可靠，并且操作方便。这就构成了接触器、按钮双重联锁的正反转控制线路，如图 3.5.2 所示，其工作原理读者可自行分析。

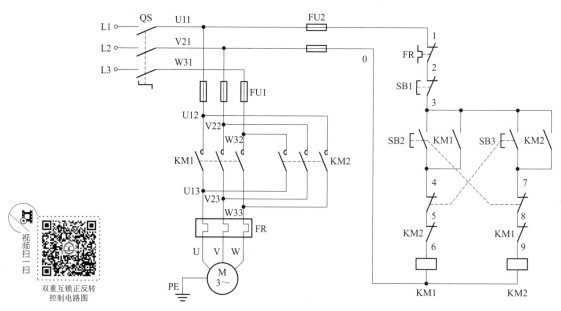

视频扫一扫

双重互锁正反转
控制电路图

图 3.5.2　接触器、按钮双重互锁正反转控制线路

3.5.3　任务实施

3.5.3.1　任务要求

掌握低压电器的使用与接线，明确电路所用电气元件及其作用，掌握检查和测试电气元件的方法；掌握接触器联锁正、反转控制电路的工作原理；正确理解自锁、互锁的含义；掌握由电气原理图接成实际电路的方法、线路安装的步骤和安装的基本方法；掌握三相异步电动机正反转控制线路的工作原理、安装与调试；掌握通电试车和排除故障的方法；增强专业意识，培养良好的职业道德和职业习惯。

3.5.3.2　仪器、设备、元器件、工具及材料

材料工具配置清单如表 3.5.1 所示。

表 3.5.1　材料工具配置清单

序号	名称	型号与规格	数量	检查内容和结果
1	转换开关		1 个	
2	三相笼型异步电动机		2 台	
3	主电路熔断器		3 个	
4	控制电路熔断器		2 个	
5	交流接触器		2 个	
6	组合按钮		2 个	
7	继电器方座		2 个	
8	热继电器		2 个	
9	断路器		1 个	
10	接线端子排		2 条	
11	网孔板		1 块	
12	试车专用线		9 根	
13	塑铜线		若干	
14	线槽板		若干	
15	螺钉		若干	
16	万用表		1 个	
17	编码套管		5m	
18	常用电工工具(试电笔、螺钉旋具、尖嘴钳、斜口钳、剥线钳、镊子、一字型起子、剥线钳、电工刀等)		1 套	
19	线路安装工具(冲击钻、弯管器、套螺纹扳手等)		1 套	

3.5.3.3　任务内容及步骤

① 识读电气原理图，明确线路所用电气元件及作用，熟悉线路的工作原理。

② 按材料工具配置清单配齐所用元件，进行质量检验，并填入表 3.5.1 中。

a. 电气元件的技术数据应完整并符合要求，外观无损伤。

b. 检查电气元件的电磁机构动作是否灵活，有无衔铁卡阻等不正常现象。用万用表检查电磁线圈的通断情况以及各触头的分布情况。

c. 检查接触器线圈额定电压是否与电源电压一致。

d. 对电动机的质量进行常规检查。

③ 根据电路图和绘制原则画出布置图、接线图，确定配电底板的材料和大小，并进行剪裁。在控制板上安装电气元件，并贴上醒目的文字符号；在线路板上进行槽板布线，以及套编码管和冷压接线头；连接相关电气元件，并按电路图自检连线的正确性、合理性和可靠性。

注意： 刀开关和熔断器的受电端朝向控制板的外侧；热继电器不要装在发热元件的上方，要靠下侧，以免影响它正常工作；为消除重力等对电磁系统的影响，接触器要与地面平行安装；其他元件整齐美观。

采用板前明配线的配线方式。导线采用 BV 单股塑料硬线时，板前明配线的配线规则：主电路的线路通道和控制电路的线路通道分开布置，线路横平竖直，同一平面内不交叉、不重叠，转弯成 90°角，成束的导线要固定、整齐美观。若为平板接线端子，线端应弯成羊眼圈接线；若为瓦状接线端子，线端应为直形，剥皮裸露导线长小于 1mm，并装上与接线图相同的编码套管。每个接线端子上一般不超过两根导线。先配控制电路的线，从控制电路接电源的一侧开始，直到另一侧接电源；然后配主电路的线，从电源侧开始配起，按照低压断路器、熔断器、交流接触器、热继电器、接线的次序，直到接线端子处接电动机的线。

自检步骤如下。

a. 按电路图或接线图从电源端开始，逐段核对接线及接线端子处线号是否正确，有无漏接、错接之处。检查导线接点是否符合要求，压接是否牢固。

b. 用万用表检查线路的通断情况。应选用倍率适当的电阻挡，并进行校零，以防止短路故障的发生。

对控制电路的检查（可断开主电路），将表棒分别搭在 U11、V21 线端上，此时读数应为 ∞。按下 SB2，或按下 SB3，或用起子按下 KM1 或 KM2 的衔铁时，指针应偏转很大，读数应为接触器线圈的直流电阻。

c. 对主电路的检查（断开控制电路），看有无开路和短路现象，此时可用手动来代替接触器通电进行检查。

d. 用兆欧表检查线路的绝缘电阻应不得小于 1MΩ。

④ 安装电动机，可靠连接电动机和电气元件金属外壳的保护接地线；连接控制板外部的接线。

⑤ 经检查合格后，方可通电试车。

⑥ 调试。

a. 调试前的准备。

ⅰ. 检查低压断路器、熔断器、交流接触器、热继电器、启停按钮的位置是否正确、有无损坏，导线规格和接线方式是否符合设计要求，各种操作按钮和接触器是否灵活可靠，热继电器的整定值是否正确，信号和指示装置是否完好。

ⅱ. 对电路的绝缘电阻进行测试，验证其是否符合要求。连接导线绝缘电阻不小于

$7M\Omega$，电动机绝缘电阻不小于 $0.5M\Omega$。

b. 调试过程。

ⅰ. 在不接主电路电源的情况下，接通控制电路电源。按下正转启动按钮 SB2，检查接触器 KM1 的自锁功能是否正常，检查接触器 KM1、KM2 的互锁功能是否正常；按下反转启动按钮 SB3，检查接触器 KM2 的自锁功能是否正常，检查接触器 KM1、KM2 的互锁功能是否正常。若发现异常，立即断电检修，查明原因，找出故障，消除故障后再调试，直至正常。

ⅱ. 接通主电路和控制电路的电源，检查电动机转向和转速是否正常。正常后，在电动机转轴上加负载，检查热继电器是否有过负荷保护作用。若有异常，立即停电查明原因并检修。

⑦ 故障的排除。检修采用万用表电阻法，在不通电的情况下进行，按住启动按钮测控制电路各点的电阻值，确定故障点。压下接触器衔铁测主电路各点的电阻，确定主电路故障并将其排除。以电动机正向运行正常，但不能反向运行故障检查举例，其故障检查流程如图 3.5.3 所示。

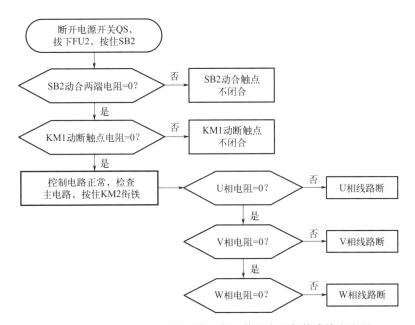

图 3.5.3　电动机正向运行正常，但不能反向运行故障检查流程

⑧ 通电试车完毕，停转，切断电源。先拆除三相电源线，再拆除电动机线。

⑨ 填写检修记录单。检修记录单一般包括设备编号、设备名称、故障现象、故障原因、排除方法、维修日期、所需材料等项目。记录单（见表 3.5.2）可清楚表示出设备运行和检修情况，为以后设备运行和检修提供依据，故必须认真填写。

表 3.5.2　三相异步电动机正反转控制电路故障排除检修报告

项目	检修报告栏	备注
故障现象与故障部位		

续表

项目	检修报告栏	备注
故障 分析		
故障检 修过程		

3.5.3.4　注意事项

① 螺旋式熔断器的接线应正确，以确保用电安全。

② 接触器联锁触头接线必须正确，否则将会造成主电路中两相电源短路事故。

③ 通电试车时，应先合上 QS，再按下 SB2（或 SB3），看控制是否正常，在接触器联锁的正反转控制电路中，电动机由正转变为反转时，必须先按下停止按钮，让电动机正转断电后，才能按反转启动按钮让电动机反转。

④ 在训练过程中要做到安全操作和文明生产。在调试和检修，以及其他项目制作过程中，安全始终是最重要的，带电测试或检修时要经过老师同意，且一人监护、一人操作，有异常现象应立即停车。

⑤ 训练结束后要清理好训练场所，关闭电源总开关。

3.5.4　任务考核

技能考核任务书如下。

<table>
<tr><td colspan="1">三相异步电动机正反转控制电路的设计、安装与调试任务书</td></tr>
<tr><td>
1. 任务名称
设计、制作、安装与调试三相异步电动机的正反转控制电路。
2. 具体任务
某生产机械由一台三相异步电动机拖动,通过操作按钮可以实现电动机正转启动、反转启动、自动正反转切换以及停车控制,电动机型号为 Y-112M-4,4kW、380V、△接法、8.8A、1440r/min,请按要求完成系统设计、安装、调试与功能演示。
3. 考核要求
(1)手工绘制电气原理图并标出端子号,手工绘制元件布置图,根据电机参数和原理图列出元器件清单。
(2)进行系统的安装、接线。安装前应对元器件检查;要求完成主电路、控制电路的安装布线;要求元器件布置整齐、匀称、合理,安装牢固;按要求进行线槽布线,导线必须沿线槽在槽内走线,线槽出线应整齐美观;接线端接编码套管;接点牢固,接点处裸露导线长度合适,无毛刺;电动机和按钮接线进端子排;线路连接应符合工艺要求,不损坏电气元件;安装工艺符合相关行业标准。
</td></tr>
</table>

续表

(3)进行系统的调试。进行器件整定,写出系统调试步骤并完成调试。 (4)通电试车,完成系统功能演示。 **4. 考点准备器材** 考点提供的材料工具清单见表 3.5.1。 **5. 时间要求** 本模块操作时间为 180min,时间到立即终止任务。 **6. 说明** 电路所需电源为 380V 交流电源。	

针对考核任务,相应的考核评分细则参见表 3.5.3。

表 3.5.3 评分标准

序号	考核内容	考核项目	配分	评分标准	得分
1	电动机及电气元件的检查	检查方法正确,完整填写元件明细表	20 分	每漏检或错检一项扣 5 分	
2	接线质量	(1)根据电气原理图正确绘制接线图,按接线图接线,电气接线符合要求; (2)能正确使用工具熟练安装元器件,安装位置合格; (3)布线合理、规范、整齐; (4)接线紧固、接触良好	40 分	不按图接线扣 15 分;错接、漏接、多接一根线扣 5 分;触头使用不正确,每个扣 3 分;布线不整齐、不合理,每处扣 2 分	
3	通电试车	(1)调试顺序:先调试控制电路,后调试主电路; (2)检修用万用表电阻法; (3)通电实验顺序:控制电路→主电路→空载→带负载运行	40 分	没有检查扣 10 分;调试顺序错误扣 3 分,检修方法错误扣 3 分,通电实验顺序错误扣 3 分,查找故障点不能排除扣 3 分,产生新故障点扣 3 分,第一次试车不成功扣 10 分,排除故障最终试车不成功扣 10 分,因误操作损坏电动机和电气元件扣 20 分	
4	安全文明生产	(1)积累电路制作经验,养成好的职业习惯; (2)不违反安全文明生产规程,做完清理场地		违反安全文明操作规程酌情扣分	
	合计		100 分		

注:每项内容的扣分不得超过该项的配分。任务结束前,填写、核实制作和维修记录单并存档。

3.5.5 思考与练习

① 如何选择低压断路器?

② 在电动机正、反转控制线路中,为什么必须保证两个接触器不能同时通电?采用哪些措施可解决此问题?

③ 如何改变三相交流电动机的方向?

④ 画出接触器、按钮双重互锁的正反向电动机控制电路。

⑤ 在图 3.2.2(b) 所示三相异步电动机的单向长动控制电路原理图上添加接触器和按钮,使其组成正反转控制电路。

任务 3.6　安装与检修三相异步电动机自动往返控制线路

3.6.1　任务分析

电动机的自动往返控制线路是电动机最基本、最常用的控制线路之一，掌握其工作原理，学会其接线方法和检修方法，为分析复杂的电动机控制电路和安装、检修复杂的电气电路打下基础。

3.6.2　相关知识

在实际生产过程中，一些生产机械运动部件的行程或位置要受到限制，或者需要其运动部件在一定范围内自行往返循环运动，如龙门刨床、平面磨床。这种控制常用行程开关按运动部件的位置或机件的位置变化来进行控制，通常称为行程控制。往返运动是由行程开关控制电动机的正反转来实现的。

图 3.6.1 为工作台自动往返循环运动示意图。SQ1、SQ2、SQ3、SQ4 为行程开关。SQ1、SQ2 用以控制往返运动。SQ3、SQ4 用以运动方向行程限位保护，即限制工作台的极限位置。在工作台的两端装有挡铁，随工作台一起移动，通过挡铁分别压下 SQ1 与 SQ2 改变电路工作状态，实现电动机的正反转，并拖动工作台实现自动往返循环运动。

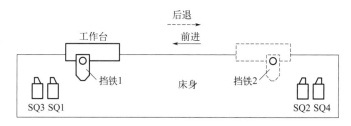

图 3.6.1　工作台自动往返循环运动示意图

自动往返循环运动控制电路如图 3.6.2 所示。工作台自动往返循环动作过程如下：合上电源开关 QS，按下正向启动按钮 SB2，KM1 线圈通电，KM1（3-4）闭合自锁，KM1（10-11）断开，互锁；KM1 主触点闭合，电动机正向启动运转，拖动工作台前进。当工作台上挡铁 1 压下 SQ1 时，使其动断触点 SQ1（4-5）断开，KM1 线圈断电释放；动合触点 SQ1（3-8）闭合，KM2 线圈通电并自锁；电动机由正转变为反转，拖动工作台由前进变为后退。当工作台上挡铁 2 压下 SQ2 时，使其动断触点 SQ2（8-9）断开，KM2 线圈断电释放；动合触点 SQ2（3-4）闭合，KM1 线圈通电并自锁；电动机由反转变为正转，拖动工作台由后退变为前进。如此循环往返，通过 SQ1、SQ2 控制电动机的正反转，实现工作台自动往返循环运动。当行程开关 SQ1、SQ2 失灵时，工作台将继续沿原方向移动，挡铁压下行程开关 SQ3 或 SQ4，分断相应接触器线圈回路，电动机断电停转，工作台停止移动，避免运动部件超出极限位置而发生事故，实现限位保护。按下停止按钮 SB1，控制回路断电，电动机停转。

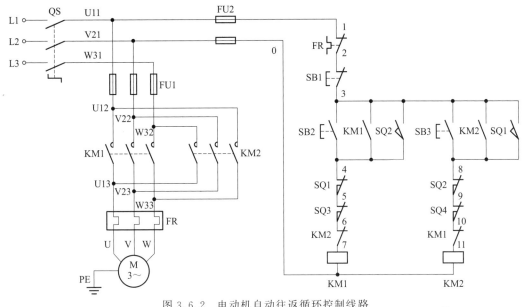

图 3.6.2　电动机自动往返循环控制线路

视频扫一扫

自动往返

3.6.3　任务实施

3.6.3.1　任务要求

掌握低压电器的使用与接线，明确电路所用电气元件及其作用，掌握检查和测试电气元件的方法；学会由电气原理图变换成安装接线图的方法、线路安装的步骤和安装的基本方法；正确理解自锁、互锁的含义；掌握用行程开关指令电动机做可逆运转的控制电路的工作原理、安装与调试，为安装电动机拖动生产机械做往返运动的控制电路打下基础；掌握通电试车和排除故障的方法；增强专业意识，培养良好的职业道德和职业习惯。

3.6.3.2　仪器、设备、元器件、工具及材料

材料工具配置清单如表 3.6.1 所示。

表 3.6.1　材料工具配置清单

序号	名称	型号与规格	数量	检查内容和结果
1	转换开关		1个	
2	三相笼型异步电动机		2台	
3	主电路熔断器		3个	
4	控制电路熔断器		2个	
5	交流接触器		2个	
6	组合按钮		2个	

续表

序号	名称	型号与规格	数量	检查内容和结果
7	继电器方座		2个	
8	热继电器		2个	
9	行程开关		4个	
10	断路器		1个	
11	接线端子排		2条	
12	网孔板		1块	
13	试车专用线		9根	
14	塑铜线		若干	
15	线槽板		若干	
16	螺钉		若干	
17	万用表		1个	
18	编码套管		5m	
19	常用电工工具(试电笔、螺钉旋具、尖嘴钳、斜口钳、剥线钳、镊子、一字型起子、剥线钳、电工刀等)		1套	
20	线路安装工具(冲击钻、弯管器、套螺纹扳手等)		1套	

3.6.3.3　任务内容及步骤

① 识读电气原理图，明确线路所用电气元件及作用，熟悉线路的工作原理。

② 按材料工具配置清单配齐所用元件，进行质量检验，并填入表3.6.1中。

a. 电气元件的技术数据应完整并符合要求，外观无损伤。

b. 检查电气元件的电磁机构动作是否灵活，有无衔铁卡阻等不正常现象。用万用表检查电磁线圈的通断情况以及各触点的分布情况。

c. 检查接触器线圈额定电压是否与电源电压一致。

d. 对电动机的质量进行常规检查。

③ 根据电路图和绘制原则画出布置图、接线图，确定配电底板的材料和大小，并进行剪裁。在控制板上安装电气元件，并贴上醒目的文字符号；在线路板上进行槽板布线，以及套编码管和冷压接线头；连接相关电气元件，并按电路图自检连线的正确性、合理性和可靠性。

注意： 刀开关和熔断器的受电端朝向控制板的外侧；热继电器不要装在发热元件的上方，要靠下侧，以免影响它正常工作；为消除重力等对电磁系统的影响，接触器要与地面平行安装；其他元件整齐美观。

采用板前明配线的配线方式。导线采用BV单股塑料硬线时，板前明配线的配线规则：主电路的线路通道和控制电路的线路通道分开布置，线路横平竖直，同一平面内不交叉、不重叠，转弯成90°角，成束的导线要固定、整齐美观。若为平板接线端子，线端应弯成羊眼圈接线；若为瓦状接线端子时，线端应为直形，剥皮裸露导线长小于1mm，并装上与接线图相同的编码套管。每个接线端子上一般不超过两根导线。先配控制电路的线，从控制电路接电源的一侧开始，直到另一侧接电源；然后配主电路的线，从电源侧开始配起，按照低压断路器、熔断器、交流接触器、热继电器、接线的次序，直到接线端子处接电动机的线。

自检步骤如下。

a. 按电路图或接线图从电源端开始，逐段核对接线及接线端子处线号是否正确，有无漏接、错接之处。检查导线接点是否符合要求，压接是否牢固。

b. 用万用表检查线路的通断情况。应选用倍率适当的电阻挡，并进行校零，以防止短路故障的发生。

对控制电路的检查（可断开主电路），将表棒分别搭在 U11、V21 线端上，此时读数应为∞。按下 SB2，或按下 SB3，或用起子按下 KM1 或 KM2 的衔铁，或按下 SQ1、SQ2 时，指针应偏转很大，读数应为接触器线圈的直流电阻。

c. 对主电路的检查（断开控制电路），看有无开路或短路现象，此时可用手动来代替接触器通电进行检查。

d. 用兆欧表检查线路的绝缘电阻应不得小于 1MΩ。

④ 安装电动机，可靠连接电动机和电气元件金属外壳的保护接地线；连接控制板外部的接线。

⑤ 经检查合格后，方可通电试车。

⑥ 调试。

a. 调试前的准备。

ⅰ. 检查低压断路器、熔断器、交流接触器、热继电器、启停按钮位置是否正确、有无损坏，导线规格和接线方式是否符合设计要求，各种操作按钮和接触器是否灵活可靠，热继电器的整定值是否正确，信号和指示装置是否完好。

ⅱ. 对电路的绝缘电阻进行测试，验证其是否符合要求。连接导线绝缘电阻不小于 7MΩ，电动机绝缘电阻不小于 0.5MΩ。

b. 调试过程。

ⅰ. 在不接主电路电源的情况下，接通控制电路电源。按下正转启动按钮 SB2，检查接触器 KM1 的自锁功能是否正常，检查接触器 KM1、KM2 的互锁功能是否正常，然后按下 SQ1、SQ3，检查行程开关是否正常；按下反转启动按钮 SB3，检查接触器 KM2 的自锁功能是否正常，检查接触器 KM1、KM2 的互锁功能是否正常，然后按下 SQ2、SQ4，检查行程开关是否正常。若发现异常，立即断电检修，查明原因，找出故障，消除故障后再调试，直至正常。

ⅱ. 接通主电路和控制电路的电源，检查电动机转向和转速是否正常。正常后，在电动机转轴上加负载，检查热继电器是否有过负荷保护作用。若有异常，立即停电查明原因并检修。

⑦ 故障的排除。检修采用万用表电阻法，在不通电的情况下进行，按住启动按钮测控制电路各点的电阻值，确定故障点。压下接触器衔铁测主电路各点的电阻，确定主电路故障并将其排除。

⑧ 通电试车完毕，停转，切断电源。先拆除三相电源线，再拆除电动机线。

⑨ 填写检修记录单。检修记录单一般包括设备编号、设备名称、故障现象、故障原因、

排除方法、维修日期、所需材料等项目。记录单（见表 3.6.2）可清楚表示出设备运行和检修情况，为以后设备运行和检修提供依据，故必须认真填写。

表 3.6.2　三相异步电动机自动往返循环控制电路故障排除检修报告

项目	检修报告栏	备注
故障现象与故障部位		
故障分析		
故障检修过程		

3.6.3.4　注意事项

① 螺旋式熔断器的接线应正确，以确保用电安全。

② 接触器联锁触点接线必须正确，否则将会造成主电路中两相电源短路事故。

③ 通电试车时，应先合上 QS，再按下 SB2（或 SB3），看控制是否正常。

④ 在训练过程中要做到安全操作和文明生产。在调试和检修，以及其他项目制作过程中，安全始终是最重要的，带电测试或检修时要经过老师同意，且一人监护、一人操作，有异常现象应立即停车。

⑤ 训练结束后要清理好训练场所，关闭电源总开关。

3.6.4　任务考核

技能考核任务书如下。

三相异步电动机自动往返控制电路的设计、安装与调试任务书

1. 任务名称

设计、制作、安装与调试三相异步电动机的自动往返控制电路。

2. 具体任务

某一机床工作台需自动往返运行,由三相异步电动机拖动,要求:工作台由原位开始前进,到终端后自动后退;能在前进或后退途中任意位置停止或启动;控制电路设有短路、失压、过载和位置极限保护。请按要求完成系统设计、安装、调试与功能演示。

3. 考核要求

(1)手工绘制电气原理图并标出端子号,手工绘制元件布置图,根据电机参数和原理图列

续表

出元器件清单。

(2)进行系统的安装、接线。安装前应对元器件检查;要求完成主电路、控制电路的安装布线;要求元器件布置整齐、匀称、合理,安装牢固;按要求进行线槽布线,导线必须沿线槽在槽内走线,线槽出线应整齐美观;接线端接编码套管;接点牢固,接点处裸露导线长度合适,无毛刺;电动机和按钮接线进端子排;线路连接应符合工艺要求,不损坏电气元件;安装工艺符合相关行业标准。

(3)进行系统的调试。进行器件整定,写出系统调试步骤并完成调试。

(4)通电试车,完成系统功能演示。

4. 考点准备器材

考点提供的材料工具清单见表 3.6.1。

5. 时间要求

本模块操作时间为 180min,时间到立即终止任务。

6. 说明

电路所需电源为 380V 交流电源。

针对考核任务,相应的考核评分细则参见表 3.6.3。

表 3.6.3 评分标准

序号	考核内容	考核项目	配分	评分标准	得分
1	电动机及电气元件的检查	检查方法正确,完整填写元件明细表	20 分	每漏检或错检一项扣 5 分	
2	接线质量	(1)根据电气原理图正确绘制接线图,按接线图接线,电气接线符合要求; (2)能正确使用工具熟练安装元器件,安装位置合格; (3)布线合理、规范、整齐; (4)接线紧固,接触良好	40 分	不按图接线扣 15 分;错接、漏接、多接一根线扣 5 分;触点使用不正确,每个扣 3 分;布线不整齐、不合理,每处扣 2 分	
3	通电试车	(1)调试顺序:先调试控制电路,后调试主电路; (2)检修用万用表电阻法; (3)通电实验顺序:控制电路→主电路→空载→带负载运行	40 分	没有检查扣 10 分;调试顺序错误扣 3 分,检修方法错误扣 3 分,通电实验顺序错误扣 3 分,查找故障点不能排除扣 3 分,产生新故障点扣 3 分,第一次试车不成功扣 10 分,排除故障最终试车不成功扣 10 分,因误操作损坏电动机和电气元件扣 20 分	
4	安全文明生产	(1)积累电路制作经验,养成好的职业习惯; (2)不违反安全文明生产规程,做完清理场地		违反安全文明操作规程酌情扣分	
合计			100 分		

注:每项内容的扣分不得超过该项的配分。任务结束前,填写、核实制作和维修记录单并存档。

3.6.5   思考与练习

① 如何选择行程开关？

② 行程开关在安装时，要注意哪些问题？

③ 某一生产机械的工作台用一台三相异步笼型电动机拖动，实现自动往返行程，但当工作台到达两端终点时，都需要停留 5s 再返回进行自动往返；通过操作按钮可以实现电动机正转启动、反转启动、自动往返行程控制以及停车控制。请按要求完成系统设计、安装、调试与功能演示。

要求：设计系统电气原理图（手工绘制，标出端子号）；手工绘制元件布置图；根据电机参数和原理图列出器件清单；进行系统的安装接线（安装前应对元器件检查；要求完成主电路、控制电路的安装布线；要求元器件布置整齐、匀称、合理，安装牢固；按要求进行线槽布线，导线必须沿线槽在槽内走线，线槽出线应整齐美观；接线端接编码套管；接点牢固，接点处裸露导线长度合适，无毛刺；电动机和按钮接线进端子排；线路连接应符合工艺要求，不损坏电气元件；安装工艺符合相关行业标准）；进行系统的调试（进行器件整定，写出系统调试步骤并完成调试）；通电试车，完成系统功能演示。

说明：电路所需电源为 380V 交流电源。考点提供的材料工具清单见表 3.6.1。

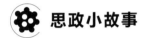

思政小故事

电机情缘：触动心灵的三次启航

项目4

安装与检修三相异步电动机降压启动控制线路

 学习目标

【知识目标】

① 了解时间继电器、频敏变阻器的结构及工作原理。
② 掌握三相笼型异步电动机的 Y-△ 启动控制电路的工作原理。
③ 掌握绕线电动机转子串电阻启动控制电路的工作原理。
④ 掌握绕线电动机转子串频敏变阻器启动控制电路的工作原理。

【技能目标】

① 能根据电路图进行 Y-△降压启动控制线路的安装及故障检修。
② 能根据电路图进行绕线电动机转子串电阻启动线路的安装及故障检修。
③ 能根据电路图进行绕线电动机转子串频敏变阻器启动控制线路的安装及故障检修。

【素质目标】

① 增强民族自豪感、职业使命感及对工匠精神的认同感。
② 培养安全意识、质量管理意识,具备严谨认真、精益求精等工匠精神。

 任务 4.1 安装与检修三相笼型异步电动机的 Y-△ 启动控制线路

4.1.1 任务分析

对于大、中容量的三相异步电动机,为限制启动电流,减小启动时对负载电压的影响,当电动机容量超过供电变压器容量的一定比例时,一般都采用降压启动,以防止过大的启动电流引起电源电压的下降。对于容量较大的电动机，常用 Y-△ 降压启动。在正常运行时，定子绕组接成三角形的三相异步电动机，可以采用 Y-△ 降压启动方法来达到减小启动电流的目的。Y-△ 降压启动是在启动时将定子绕组接成星形，待转速基本稳定时，将定子绕组接成三角形运行。

4.1.2 相关知识

4.1.2.1 降压启动

前面章节所述的电动机正转和反转等各种控制电路启动时，加在电动机定子绕组上的电压为额定电压，属于直接启动。直接启动电路简单，但启动电流大，会对电网其他设备造成一定的影响。因此，当电动机功率较大时（大于 7kW），需要采取降压启动的方式，以降低启动电流。

降压启动是指在启动时降低加在电动机定子绕组上的电压，当电动机启动后，再将电压升到额定值，使电动机在额定电压下运行。降压启动的目的是减小启动电流，进而减小电动机启动电流在供电线路上产生的电压降，减小对线路电压的影响。启动时，通过启动设备使加到电动机上的电压小于额定电压，待电动机的转速上升到一定数值时，再给电动机加上额定电压运行。降压启动虽然限制了启动电流，但是由于启动转矩和电压的平方成正比，因此，降压启动时，电动机的启动转矩也减小，所以降压启动多用于空载启动或轻载启动。

三相笼型感应电动机降压启动的方法有：星形-三角形（Y-△）降压启动、定子串电阻或电抗降压启动、自耦变压器降压启动、延边三角形降压启动等。

4.1.2.2 三相笼型异步电动机的 Y-△ 降压启动

星三角降压启动电路

定子绕组接成 Y 接法时，由于电动机每相绕组额定电压只为 △ 接法的 $1/\sqrt{3}$，电流为 △ 接法的 $1/3$，电磁转矩也为 △ 接法的 $1/3$，所以对于 △ 接法运行的电动机，在电动机启动时，应先将定子绕组接成 Y 接法，实现降压启动，会减小启动电流，当启动即将完成时再换为 △ 接法，各相绕组承受额定电压工作，电动机进入正常运行，这种降压启动的方法称为 Y-△ 降压启动。

常用的 Y-△ 降压启动有手动控制和自动控制两种形式。

图 4.1.1 是时间继电器自动控制的 Y-△ 降压启动线路。主电路中 KM1 是接通三相电源的接触器主触点，KM2 是将电动机定子绕组接成三角形连接的接触器主触点，KM3 是将电动机定子绕组接成星形连接的接触器主触点。KM1、KM3 接通，电动机定子绕组接成星形（Y）启动；KM1、KM2 接通，电动机定子绕组接成三角形（△）运行。因为 KM2、KM3 不允许同时接通，所以 KM2、KM3 之间必须互锁。

控制电路工作过程：先合上电源开关 QS，再按以下步骤操作。

Y 降压启动△运行：

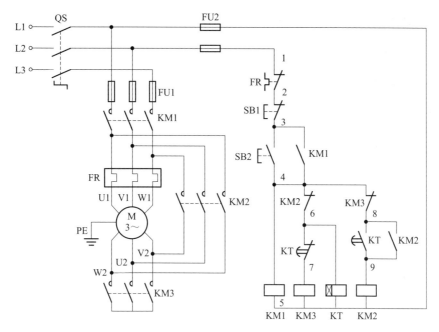

图 4.1.1 Y-△降压启动控制电路原理图

停止：按下按钮 SB1→控制电路断电→KM1、KM2、KM3 线圈失电→电动机停车。

4.1.3 任务实施

4.1.3.1 任务要求

掌握时间继电器的结构、符号和工作原理；能识读三相笼型异步电动机 Y—△降压启动控制线路图，并能正确选用线路所用电气元件，说出各器件的作用；能分析三相异步电动机 Y—△降压启动电气控制线路的原理，并能够根据电路图进行 Y—△降压启动电路的安装与故障检修。在清点元件过程中，严格按照其型号、规格、编号等进行清点，细心谨慎，确保清点准确无误。

4.1.3.2 仪器、设备、元器件及材料

① 工具：测电笔、螺钉旋具、尖嘴钳、剥线钳和电工刀等。

② 仪表：500V 兆欧表、T301-A 型钳形电流表和 MF47 型万用表。

③ 器材：a. 控制板一块（600mm×500mm×20mm）。b. 导线规格：主电路采用 BVR1.5mm² （红色），控制电路采用 BVR1.0mm² （黑色），按钮线采用 BVR0.75mm² （红色），接地线采用 BVR1.5mm² （黄绿双色）。c. 螺钉、螺母若干。d. 电气元件如表 4.1.1 所示。

表 4.1.1　元件明细表

代号	名称	型号	规格	数量
QS	转换开关	HZ10-10/3	380V	1个
M	三相笼型异步电动机	YS6314	120W、△连接	1台
FU1	熔断器	RL1-60A	380V(配 10A 熔体)	3个
FU2	熔断器	RL1-15A	380V(配 6A 熔体)	2个
KM1、KM2、KM3	交流接触器	CJ20-16	线圈电压 380V	3个
SB1、SB2、SB3	组合按钮	LA4-3H	500V、5A	1个
KT	时间继电器	JS7-2A	线圈电压 380V	1个
FR	热继电器	JR36-20/3	0.4～0.63A、380V	1个
XT	端子排	TD-2010	660V	1个
	异型管			若干

4.1.3.3 任务内容及步骤

① 按表 4.1.1 所列明细配齐所用电气元件，并逐个检验其质量；电气元件应完好无损，各项技术指标符合规定要求，否则应予以更换。

② 根据电动机的容量、线路走向及要求、各元件的安装尺寸，正确选配导线的规格、导线通道类型和数量、接线端子板、控制板、紧固件等。

③ 在控制板上固定电气元件并在电气元件附近做好与电路图上相同代号的标记。

④ 在控制板上进行板前明线布线，并在导线端套编码套管。

⑤ 连接电动机和按钮金属外壳的保护接地线，以及电源、电动机等控制板外部的导线。安装电动机时一定要做到安装牢固平稳，以防止在换向时产生滚动而引起事故。

⑥ 自检。安装完毕的控制电路板必须认真检查，确保无误后才允许通电试车。

a. 根据电路图检查电路的接线是否正确和接地通道是否具有连续性。

ⅰ. 主电路接线检查：按照电路图从电源端开始，逐段核对接线有无漏接、错接，检查导线接点是否符合要求，压接是否牢固，以免带负载运行时产生闪弧现象。

ⅱ. 控制电路接线检查：用万用表电阻挡检查控制电路接线情况。

b. 检查热继电器的整定值和熔断器中熔体的规格是否符合要求。

c. 检查电动机及线路的绝缘电阻。

d. 检查电动机及电气元件是否安装牢固。

e. 清理安装现场。

⑦ 通电试车。

a. 接通电源，点动控制电动机的启动，以检查电动机的转向是否符合要求。通电时，必须经指导老师同意后再接通电源，并有老师在现场监护。出现故障后，学生应独立检修。需带电检查时，必须有老师在现场监护。

b. 试车时，应认真观察各电气元件、线路的工作是否正常。发现异常，应立即切断电源进行检查，待调整或修复后方可再次通电试车。

c. 安装训练应在规定额定时间内完成，同时要做到安全操作和文明生产。

4.1.3.4 注意事项

① 安装工艺注意事项如下。

a. 接触器的安装要垂直于安装面，安装孔用的螺钉应加弹簧垫圈和平垫圈。安装倾斜度不能超过5°，否则会影响接触器的动作。接触器散热孔垂直向上，四周留有适当空间。安装和接线时，注意不要将螺钉、螺母和线头等杂物落入接触器内，以防人为造成接触器不能正常工作或烧毁。

b. 按布置图在控制板上安装电气元件，断路器、熔断器的受电端子应安装在控制板的外侧，并确保熔断器的受电端为底座的中心端。

c. 各元件的安装位置应整齐、均匀，间距合理，便于元件的更换。

d. 紧固各元件时，用力要均匀，紧固程度适当。在紧固熔断器、接触器等易碎元件时，应该用手按住元件一边轻轻摇动，一边用螺钉旋具轮换旋紧对角线上的螺钉，直到手摇不动后，再适当旋紧些即可。

② 板前布线工艺注意事项：布线时应符合平直、整齐、紧贴敷设面、走线合理及接点不得松动等要求。具体地说，应注意以下几点。

a. 走线通道应尽可能少，同一通道中沉底的导线按主电路、控制电路分类集中，单层平行密排，并紧贴敷设面。

b. 同一平面的导线应高低一致或前后一致，不能交叉。当必须交叉时，该根导线应在接线端子引出，水平架空跨越，但必须走线合理。

c. 布线应横平竖直，变换走向时应垂直转向。

d. 导线与接线端子或线桩连接时，应不压绝缘层，不反圈及不露铜过长；并做到同一元件、同一回路不同接点的导线间距离应保持一致。

e. 一个电气元件接线端子上的连接导线不得超过两根，每节接线端子板上的连接导线一般只允许连接一根。

f. 布线时，严禁损伤线芯和导线绝缘。导线裸露部分应适当。

g. 为方便维修，每一根导线的两端都要套上编号套管。

③ 在训练过程中要做到安全操作和文明生产。在调试和检修，以及其他项目制作过程中，安全始终是最重要的，带电测试或检修时要经过老师同意，且一人监护、一人操作，有异常现象应立即停车。

④ 训练结束后要清理好训练场所，关闭电源总开关。

4.1.4　任务考核

技能考核任务书如下。

Y-△降压启动控制电路的安装与调试任务书

1. 任务名称

电动机 Y-△降压启动控制线路的安装与调试。

2. 具体任务

有一台生产机械设备,要求采用 Y-△降压启动方式的三相笼型电动机来拖动。三相异步电动机型号为 YS6314,120W、380V、△接法,提供的电路原理图如图 4.1.1 所示。按要求完成电气控制系统的安装与调试。

3. 工作规范及要求

(1)手工绘制元件布置图。

(2)进行系统的安装接线。

要求完成主电路、控制电路的安装布线,按要求进行线槽在槽布线,导线必须沿线槽在槽内走线,接线端加编码套管。线槽出线应整齐美观,线路连接应符合工艺要求,不损坏电气元件,安装工艺符合相关行业标准。

(3)进行系统调试:

① 进行器件整定;

② 简述系统调试步骤。

(4)通电试车,完成系统功能演示。

4. 考点准备器材

考点提供的材料如表 4.1.1 所示,工具清单如表 4.1.2 所示。

说明:器件的型号只作为参考,其他性能相同的型号也可以。

5. 时间要求

本模块操作时间为 180min,时间到立即终止任务。

表 4.1.2　考点提供的工具清单

序号	名称	规格/技术参数	数量	备注
1	斜口钳	130mm	1	
2	尖嘴钳	130mm	1	
3	镊子		1	
4	一字型起子	3.0mm×75mm	1	
5	十字型起子	3.0mm×75mm	1	
6	剥线钳		1	

针对考核任务,相应的考核评分细则参见表 4.1.3。

表 4.1.3　评分细则

序号	考核内容	考核项目	配分	评分标准	得分
1	选择、检测器材	(1)按图纸电路及电动机功率等,正确选择器材的型号、规格和数量; (2)正确使用工具和仪表检测元器件	10 分	(1)接触器、熔断器、热继电器、时间继电器及导线选择不当,每个扣2分; (2)元器件检测失误,每个扣2分	
2	元器件的定位安装	(1)安装方法、步骤正确,符合工艺要求; (2)元器件安装美观、整洁	10 分	(1)安装方法、步骤不正确,每个扣1分; (2)安装不美观、不整洁,扣5分	
3	接线质量	(1)按电路图接线; (2)能正确使用工具熟练安装元器件; (3)布线合理、规范、整齐; (4)接线紧固、接触良好	40 分	(1)元器件未按要求布局或布局不合理、不整齐、不匀称,扣2分; (2)安装不准确、不牢固,每只扣2分; (3)造成元器件损坏,每只扣3分	
4	元件整定	正确整定热继电器的整定值;时间继电器延时时间为 10±1s	10 分	不会整定扣10分	
5	通电试车	检查线路并通电验证	30 分	没有检查扣10分;第一次试车不成功扣10分,第二次试车不成功扣10分	
6		安全文明生产		违反安全文明操作规程酌情扣分	
		合计	100 分		

注:每项内容的扣分不得超过该项的配分。

4.1.5　思考与练习

① 什么是 Y-△ 降压启动?该电路有何特点?它适用于什么样的电动机?

② 三相笼型感应电动机常采用哪些降压启动方法?

③ 笼型异步电动机在什么条件下允许直接启动?

④ 在三相异步电动机 Y-△降压启动控制线路的安装与调试中,线路空操作试验工作正常,带负荷试车时,按下启动按钮 SB2,KM1 和 KM3 均通电动作,电动机发出异响,转子向正、反两个方向颤动;立即按下停止按钮 SB1,KM1 和 KM3 释放时,灭弧罩内有较强的电弧。试根据故障现象,分析可能产生的故障原因,以及如何排除故障。

任务 4.2　安装与检修绕线电动机转子串电阻启动线路

4.2.1　任务分析

对于大、中型容量电动机,当需要重载启动时,不仅要限制启动电流,而且要有足够大的启动转矩。为此选用三相绕线转子异步电动机,并在其转子回路中串入三相对称电阻来改善启动性能。本任务重点分析三相绕线(转子)异步电动机转子串电阻启动控制线路。

笼型三相异步电动机常用减压启动方式有电阻减压或电抗减压启动、自耦变压器减压启动、Y-△降压启动、晶闸管电动机软启动器启动等几种,它们的主要目的都是减小启动电流，但电动机的启动转矩也都跟着减小，因此只适合空载或轻载启动。对于重载启动，即不仅要求启动电流小，而且要求启动转矩大的场合，就应采用启动性能较好的绕线转子三相异步电动机。

绕线转子异步电动机的优点是启动性能好，适用于启动困难的机械，因此广泛用于起重机、行车、输送机等设备中。

在绕线转子异步电动机的转子回路中串入适当的启动电阻，既可降低启动电流，又可提高启动转矩，使电动机得到良好的启动性能。

绕线转子三相异步电动机常用的启动方法有以下两种：转子回路串入变阻器启动和转子回路串入频敏变阻器启动。

4.2.2　相关知识

绕线转子三相异步电动机，可以通过滑环在转子绕组中串联电阻来改善电动机的机械特性，从而达到减小启动电流、增大启动转矩，以及调节转速的目的。所以，在实际生产中对要求启动转矩较大，且能平滑调速的场合，常常采用三相绕线转子异步电动机。

绕线转子串联三相电阻启动原理：在绕线转子异步电动机刚启动时，如果在转子回路中串联一个 Y 连接、分级切换的三相启动电阻，就可以减小启动电流，增加启动转矩；随着电动机转速的升高，逐级减小可变电阻；启动完毕后，切除可变电阻，转子绕组被直接短接，电动机便在额定状态下运行。

三相绕线异步电动机转子串电阻启动有按时间原则控制、按电流原则控制、按电势原则控制等多种方案。常用的按时间原则控制的电气原理图如图 4.2.1 所示。

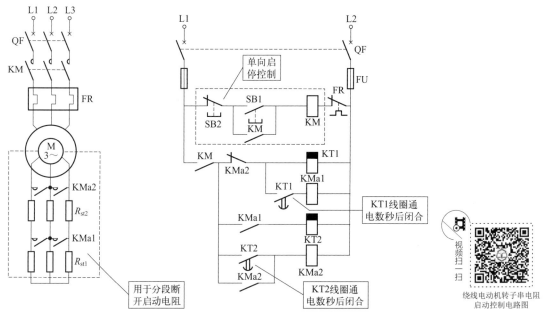

图 4.2.1　三相绕线异步电动机转子串电阻启动按时间原则控制的电气原理图

电路启动过程如下所述。

按下启动按钮 SB1，接触器 KM 得电，将电动机定子接入电网，主触点 KMa1、KMa2 均断开，转子电阻全部接入，电动机启动；同时，时间继电器 KT1 线圈得电，开始延时，几秒后 KT1 延时闭合的动合触点闭合，加速接触器 KMa1 得电，断开电阻 R_{st1}，并使时间继电器 KT2 得电，电动机转速上升；再经过几秒，KT2 的延时闭合触点动作，KMa2 得电，断开电阻 R_{st2}，电动机启动过程结束。

4.2.3　任务实施

4.2.3.1　任务要求

能识读三相绕线异步电动机转子串电阻启动线路图，正确选用线路所用电气元件，并说出各器件的作用；能分析三相绕线异步电动机转子串电阻启动线路的原理，并能够根据电路图进行三相绕线异步电动机转子串电阻启动线路的安装与故障检修；安全第一是电气操作中的首要准则，在进行操作时切记要遵守电气安全操作规程，坚决杜绝违章作业。

4.2.3.2　仪器、设备、元器件及材料

① 工具：测电笔、螺钉旋具、尖嘴钳、剥线钳和电工刀等。
② 仪表：500V 兆欧表、T301-A 型钳形电流表和 MF47 型万用表。
③ 器材：a. 控制板一块（600mm × 500mm × 20mm）。b. 导线规格：主电路采用 BVR1.5mm² （红色），控制电路采用 BVR1.0mm² （黑色），按钮线采用 BVR0.75mm² （红色），接地线采用 BVR1.5mm² （黄绿双色）。c. 螺钉、螺母若干。d. 电气元件明细如表 4.2.1 所列。

表 4.2.1　电气元件明细

代号	名称	型号	规格	数量
QF	低压断路器		380V、15A	1个
M	绕线转子三相异步电动机	YZR132M1-6	2.2kW、Y 接法、定子电压 380V、电流 6.1A；转子电压 132V、电流 12.6A；908r/min	1台
FU	熔断器	RL1-15A	380V(配 6A 熔体)	2个
KM	交流接触器	CJ20-16	380V	3个
SB	组合按钮	LA4-3H	500V、5A	3个
KT1、KT2	时间继电器	JS14P	延时上限为 99s，380V	1个
FR	热继电器	JR36-20/3	380V、整定电流 6.1A	1个
R_S	三相变阻器			2个
	异型管		若干	若干
XT	端子排	TD-2010A	660V	若干

4.2.3.3　任务内容及步骤

① 按表 4.2.1 所列明细配齐所用电气元件，并逐个检验其质量；电气元件应完好无损，各项技术指标符合规定要求，否则应予以更换。

② 根据电动机的容量、线路走向及要求和各元件的安装尺寸，正确选配导线的规格、导线通道类型和数量、接线端子板、控制板、紧固件等。

③ 在控制板上固定电气元件，并在电气元件附近做好与电路图上相同代号的标记。

④ 在控制板上进行板前明线布线，并在导线端套编码套管。

⑤ 连接电动机和按钮金属外壳的保护接地线，以及电源、电动机等控制板外部的导线。安装电动机时一定要做到安装牢固平稳，以防止在换向时产生滚动而引起事故。

⑥ 自检。安装完毕的控制电路板必须认真检查，确保无误后才允许通电试车。

a. 根据电路图检查电路的接线是否正确和接地通道是否具有连续性。

ⅰ. 主电路接线检查：按照电路图从电源端开始，逐段核对接线有无漏接、错接，检查导线接点是否符合要求，压接是否牢固，以免带负载运行时产生闪弧现象。

ⅱ. 控制电路接线检查：用万用表电阻挡检查控制电路接线情况。

b. 检查热继电器的整定值和熔断器中熔体的规格是否符合要求。

c. 检查电动机及线路的绝缘电阻。

d. 检查电动机及电气元件是否安装牢固。

e. 清理安装现场。

⑦ 通电试车。

a. 接通电源，点动控制电动机的启动，以检查电动机的转向是否符合要求。通电时，必须经指导老师同意后再接通电源，并有老师在现场监护。出现故障后，学生应独立检修。需带电检查时，必须有老师在现场监护。

b. 试车时，应认真观察各电气元件、线路的工作是否正常。若发现异常，应立即切断电源进行检查，待调整或修复后方可再次通电试车。

c. 安装训练应在规定额定时间内完成，同时要做到安全操作和文明生产。

4.2.3.4　注意事项

注意事项同任务 4.1 中所述。

4.2.4　任务考核

技能考核任务书如下。

三相绕线异步电动机转子串电阻启动控制线路的安装与调试任务书
1. 任务名称 三相绕线异步电动机转子串电阻启动控制线路的安装与调试。
2. 具体任务 有一台压缩机设备,采用三相绕线异步电动机拖动。三相异步电动机型号为 YR132M1-4,

4kW、380V,其启动方式要求采用转子回路串电阻启动,所提供的电路原理图如图 4.2.1 所示。按要求完成电气控制系统的安装与调试。

3. 工作规范及要求

(1)手工绘制元件布置图。

(2)进行系统的安装接线。要求完成主电路、控制电路的安装布线,按要求进行线槽布线,导线必须沿线槽在槽内走线,接线端加编码套管。线槽出线应整齐美观,线路连接应符合工艺要求,不损坏电气元件,安装工艺符合相关行业标准。

(3)进行系统调试:

① 进行器件整定;

② 简述系统调试步骤。

(4)通电试车,完成系统功能演示。

4. 考点准备器材

考点提供的材料见表 4.2.1,工具清单见表 4.1.2。

5. 时间要求

本模块操作时间为 180min,时间到立即终止任务。

针对考核任务,相应的考核评分细则参见表 4.2.2。

表 4.2.2 评分细则

序号	考核内容	考核项目	配分	评分标准	得分
1	选择、检测器材	(1)按图纸电路及电动机功率等,正确选择器材的型号、规格和数量; (2)正确使用工具和仪表检测元器件	10 分	(1)接触器、熔断器、热继电器、时间继电器及导线选择不当,每个扣2分; (2)元器件检测失误,每个扣2分	
2	元器件的定位安装	(1)安装方法、步骤正确,符合工艺要求; (2)元器件安装美观、整洁	10 分	(1)安装方法、步骤不正确,每个扣1分; (2)安装不美观、不整洁,扣5分	
3	接线质量	(1)按电路图接线; (2)能正确使用工具熟练安装元器件; (3)布线合理、规范、整齐; (4)接线紧固、接触良好	40 分	(1)元器件未按要求布局或布局不合理、不整齐、不匀称,扣2分; (2)安装不准确、不牢固,每只扣2分; (3)造成元器件损坏,每只扣3分	
4	元件整定	正确整定热继电器的整定值;时间继电器延时时间为 10±1s	10 分	不会整定扣10分	
5	通电试车	检查线路并通电验证	30 分	没有检查扣10分;第一次试车不成功扣10分,第二次试车不成功扣10分	
6	安全文明生产			违反安全文明操作规程酌情扣分	
	合计		100 分		

注:每项内容的扣分不得超过该项的配分。

4.2.5　思考与练习

① Y-△ 降压启动与转子回路串电阻启动有什么区别？

② 在转子回路串电阻启动过程中，如何选取合适的电阻值？

③ 转子回路串电阻启动控制电路在实际应用中应注意哪些问题？

 任务4.3　安装与检修绕线电动机转子串频敏变阻器启动控制线路

4.3.1　任务分析

应用绕线转子异步电动机转子绕组串联电阻器的启动方法，要想获得良好的启动特性，一般需要较多的启动级数，所用电器多，控制线路复杂，设备投资大，维修不便，同时由于逐级切除电阻，故会产生一定的机械冲击力。在工矿企业中，广泛采用频敏变阻器代替启动电阻，来控制绕线转子异步电动机的启动。此任务重点分析绕线电动机转子绕组串频敏变阻器的启动控制线路。频敏变阻器是一种无触点电磁元件，相当于一个等效阻抗。在电动机启动过程中，由于等值阻抗随转子电流频率减小而下降以达到自动变阻，所以只须用一级频敏变阻器就可以把电动机平稳地启动起来。

4.3.2　相关知识

4.3.2.1　频敏变阻器

频敏变阻器是一种等值阻抗随频率降低而减小的变阻器，用于平滑启动绕线式异步电动机。频敏变阻器是一种铁芯损耗很大的三相电抗器，铁芯由一定厚度的多块实心铁板或钢板叠成，一般做成三柱式，每柱上绕有一个线圈，三相线圈连成星形然后接到绕线异步电动机的转子电路中，如图 4.3.1(a) 所示。转子一相的等效电路如图 4.3.1(b) 所示，图中 R_2 为绕组的直流电阻，R 为频敏变阻器涡流损耗的等效电阻，X 为电抗，R 与 X 并联。为了

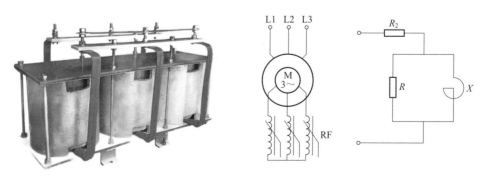

(a) 外形　　　　　　　　　　　　　　　　　(b) 等效电路

图 4.3.1　频敏变阻器外形及等效电路

使单台频敏变阻器的体积、质量不要过大，因此当电动机容量大到一定程度时，就由多组频敏变阻器连接使用，连接种类有单组、二组串联、二串联二并联等。在频敏变阻器的线圈中通过转子电流，它在铁芯中产生交变磁通，在交变磁通的作用下，铁芯中就会产生涡流，使铁芯发热。由于频敏变阻器的等效电阻和等效阻抗都随着转子电流频率而变，反应灵敏，因此称为频敏变阻器。

频敏变阻器在启动完毕后应短接切除，如电动机本身有短路装置则可直接利用。如没有短路装置时，可用外装刀开关短路。若需遥控，可将刀开关改成相应的控制接触器。

频敏变阻器的工作原理如下所述。

三相绕组通入电流后，由于铁芯是用厚钢板制成的，交变磁通在铁芯中产生很大涡流，从而产生很大的铁芯损耗。频率越高，涡流越大，铁芯损耗也越大。交变磁通在铁芯中的损耗可等效地看作电流在电阻中的损耗，因此，频率变化时相当于等效电阻的阻值在变化。在电动机刚启动的瞬间，转子电流的频率（等于电源的频率）最高，频敏变阻器的等效阻抗最大，限制了电动机的启动电流；随着电动机转速的升高，转子电流的频率逐渐下降，频敏变阻器的等效阻值也逐渐减小，从而使电动机转速平稳地上升到额定转速。

频敏变阻器的优点：结构较简单，成本较低，维护方便，使用寿命长，能使电动机平滑启动，基本上可以获得恒转矩的启动特性。其缺点是有电感存在，功率因数较低，启动转矩不大。因此在轻载启动时采用串频敏变阻器启动，在重载启动时采用串电阻启动。

4.3.2.2　绕线转子电动机单向运行转子串频敏变阻器启动控制线路

绕线转子电动机单向运行转子串频敏变阻器启动控制线路如图 4.3.2 所示。其工作原理如下所述。

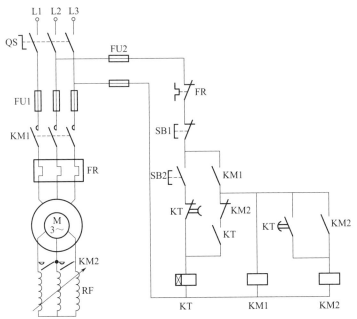

绕线电动机转子绕组
串频敏变阻器启动
控制电路图

图 4.3.2　绕线转子电动机单向运行转子串频敏变阻器启动控制线路

合上电源开关 QS，按下启动按钮 SB2，通电延时时间继电器 KT 得电吸合，其瞬时触点闭合，使接触器 KM1 得电吸合。KM1 的主触点闭合，电动机定子绕组接入电源，转子串联频敏变阻器启动。当转速上升到接近额定转速时，时间继电器延时时间到，其延时断开的触点断开，延时闭合的触点闭合，使接触器 KM2 得电吸合，将频敏变阻器短路，电动机进入正常运行。KM2 的辅助动断触点断开，使 KT 失电释放。

在操作时，按下 SB2 时间要稍微长一些，待 KM1 辅助自锁触点闭合后再松开。

该电路 KM1 得电需在 KT、KM2 触点工作正常的条件下进行，若发生 KM2 触点粘连、KT 触点粘连、KT 线圈断线等故障，KM1 将无法得电，从而避免电动机直接启动和转子长期串联频敏变阻器的不正常现象的发生。

4.3.2.3 应用频敏变阻器启动电动机控制线路

在较大容量的绕线式异步电动机中，可用电动机转子绕组串联频敏变阻器进行启动，它是利用频敏变阻器的阻抗随着转子电流频率的变化而显著变化的特点来工作的。应用频敏变阻器启动电动机控制线路如图 4.3.3 所示。电路工作原理如下所述。

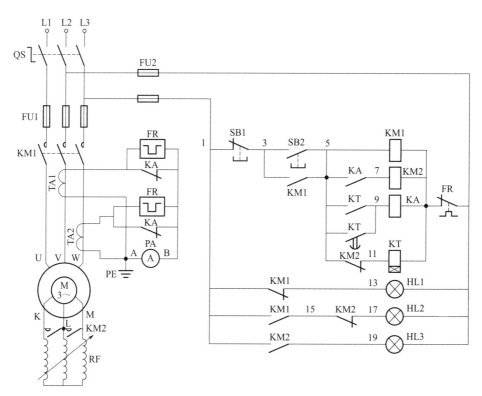

图 4.3.3 应用频敏变阻器启动电动机控制线路

启动时，按下启动按钮 SB2（3-5），交流接触器 KM1 线圈得电吸合，其辅助常开触点 KM1（3-5）闭合自锁，KM1 三相主触点闭合，电动机转子电路串联频敏变阻器 RF 启动。与此同时，通电延时时间继电器 KT 线圈也得电吸合且开始延时，当 KT 达到整定时间后，其通电延时闭合的常开触点 KT（5-9）闭合，中间继电器 KA 线圈得电吸合，其常开触点

KA（5-7）闭合，接通交流接触器 KM2 线圈回路电源，KM2 线圈得电吸合，KM2 辅助常闭触点 KM2（5-11）断开，切断通电延时时间继电器 KT 线圈回路电源，KT 线圈断电释放而退出运行，同时 KM2 三相主触点闭合，将频敏变阻器短路，启动过程结束（其延时时间可根据实际情况而定）。

KT 的作用是在启动时，利用 KA 常闭触点将热继电器 FR 的发热元件短路，以免因启动时间过长而造成热继电器 FR 误动作。启动结束后，KA 线圈得电动作，其常闭触点断开，解除对热继电器 FR 发热元件的短路，热继电器 FR 投入运行。

4.3.3　任务实施

4.3.3.1　任务要求

掌握频敏变阻器的结构及工作原理；能识读三相绕线异步电动机转子串频敏变阻器启动控制线路图；能正确选用线路所用电气元件并说出各器件的作用；能分析三相绕线异步电动机转子串频敏变阻器启动控制线路的原理，并能根据电路图进行电路的安装与故障检修。

4.3.3.2　仪器、设备、元器件及材料

① 工具：测电笔、螺钉旋具、尖嘴钳、剥线钳和电工刀等。
② 仪表：500V 兆欧表、T301-A 型钳形电流表和 MF47 型万用表。
③ 器材：a. 控制板一块（600mm × 500mm × 20mm）。b. 导线规格：主电路采用 BVR1.5mm² （红色），控制电路采用 BVR1.0mm² （黑色），按钮线采用 BVR0.75mm² （红色），接地线采用 BVR1.5mm² （黄绿双色）。c. 螺钉、螺母若干。d. 电气元件如表 4.3.1 所列。

表 4.3.1　元件明细表

代号	名称	型号	规格	数量
QS	三相转换开关	DZ47S	380V、15A	1 个
M	绕线转子三相异步电动机	YZR132M1-6	2.2kW、Y 接法；定子电压 380V、电流 6.1A；转子电压 132V、电流 12.6A；908r/min	1 台
FU1	熔断器	RL1	15A、380V（配 10A 熔体）	3 个
FU2	熔断器	RL1	380V（配 6A 熔体）	2 个
KM	交流接触器	CJ20-16	380V	3 个
SB	组合按钮	LA4-3H	500V、5A	1 个
KT	时间继电器	JS14P	延时上限为 99s、380V	1 个
FR	热继电器	JR36-20/3	380V、整定电流 6.1A	1 个
TA	电流互感器			2 个
RF	频敏变阻器	BP1-006/10003		1 台

代号	名称	型号	规格	数量
	异型管			若干
XT	端子排	TD-2010A	660V	1个

4.3.3.3　任务内容及步骤

① 按表4.3.1所列明细配齐所用电气元件，并逐个检验其质量；电气元件应完好无损，各项技术指标符合规定要求，否则应予以更换。

② 根据电动机的容量、线路走向及要求和各元件的安装尺寸，正确选配导线的规格、导线通道类型和数量、接线端子板、控制板、紧固件等。

③ 在控制板上固定电气元件，并在电气元件附近做好与电路图上相同代号的标记。

④ 在控制板上进行板前明线布线，并在导线端套编码套管。

⑤ 连接电动机和按钮金属外壳的保护接地线，以及电源、电动机等控制板外部的导线。安装电动机时一定要做到安装牢固平稳，以防止在换向时产生滚动而引起事故。

⑥ 自检。安装完毕的控制电路板必须认真检查，确保无误后才允许通电试车。

a. 根据电路图检查电路的接线是否正确和接地通道是否具有连续性。

ⅰ. 主电路接线检查：按照电路图从电源端开始，逐段核对接线有无漏接、错接，检查导线接点是否符合要求，压接是否牢固，以免带负载运行时产生闪弧现象。

ⅱ. 控制电路接线检查：用万用表电阻挡检查控制电路接线情况。

b. 检查热继电器的整定值和熔断器中熔体的规格是否符合要求。

c. 检查电动机及线路的绝缘电阻。

d. 检查电动机及电气元件是否安装牢固。

e. 清理安装现场。

⑦ 通电试车。

a. 接通电源，点动控制电动机的启动，以检查电动机的转向是否符合要求。通电时，必须经指导老师同意后再接通电源，并有老师在现场监护。出现故障后，学生应独立检修。需带电检查时，必须有老师在现场监护。

b. 试车时，应认真观察各电气元件、线路的工作是否正常。发现异常，应立即切断电源进行检查，待调整或修复后方可再次通电试车。

c. 安装训练应在规定额定时间内完成，同时要做到安全操作和文明生产。

4.3.3.4　注意事项

使用频敏变阻器时应注意以下问题。

① 启动电动机时，启动电流过大或启动太快时，可换接线圈接头，因匝数增多，启动电流和启动转矩便会同时减小。

② 当启动转速过低，切除频敏变阻器冲击电流过大时，可换接到匝数较少的接线端子上，启动电流和启动转矩就会同时增大。

③ 频敏变阻器在使用一段时间后，要检查线圈对金属外壳的绝缘情况。

④ 如果频敏变阻器线圈损坏，则可用B级电磁线按原线圈匝数和线径重新绕制。

4.3.4　任务考核

技能考核任务书如下。

绕线转子电动机单向运行转子串频敏变阻器启动控制线路的安装与调试任务书
1. 任务名称 绕线转子电动机单向运行转子串频敏变阻器启动控制线路的安装与调试。 2. 具体任务 有一台设备,采用三相绕线异步电动机拖动。三相绕线异步电动机型号为 YR132M1-4,4kW、380V,其启动方式要求采用转子串频敏变阻器启动,所提供的电路原理图如图 4.3.2 所示。按要求完成电气控制系统的安装与调试。 3. 工作规范及要求 (1)手工绘制元件布置图。 (2)进行系统的安装接线。要求完成主电路、控制电路的安装布线,按要求进行线槽布线,导线必须沿线槽在槽内走线,接线端加编码套管。线槽出线应整齐美观,线路连接应符合工艺要求,不损坏电气元件,安装工艺符合相关行业标准。 (3)进行系统调试: ① 进行器件整定; ② 简述系统调试步骤。 (4)通电试车,完成系统功能演示。 4. 考点准备器材 考点提供的材料从表 4.3.1 中选择,工具清单见表 4.1.2。 5. 时间要求 本模块操作时间为 120min,时间到立即终止任务。

针对考核任务,相应的考核评分细则参见表 4.3.2。

表 4.3.2　评分细则

序号	考核内容	考核项目	配分	评分标准	得分
1	选择、检测器材	(1)按图纸电路及电动机功率等,正确选择器材的型号、规格和数量; (2)正确使用工具和仪表检测元器件	10 分	(1)接触器、熔断器、热继电器、时间继电器及导线选择不当,每个扣 2 分; (2)元器件检测失误,每个扣 2 分	
2	元器件的定位安装	(1)安装方法、步骤正确,符合工艺要求; (2)元器件安装美观、整洁	10 分	(1)安装方法、步骤不正确,每个扣 1 分; (2)安装不美观、不整洁,扣 5 分	
3	接线质量	(1)按电路图接线; (2)能正确使用工具熟练安装元器件; (3)布线合理、规范、整齐; (4)接线紧固、接触良好	40 分	(1)元器件未按要求布局或布局不合理、不整齐、不匀称,扣 2 分; (2)安装不准确、不牢固,每只扣 2 分; (3)造成元器件损坏,每只扣 3 分	

续表

序号	考核内容	考核项目	配分	评分标准	得分
4	元件整定	正确整定热继电器的整定值；时间继电器延时时间为 10±1s	10 分	不会整定扣 10 分	
5	通电试车	检查线路并通电验证	30 分	没有检查扣 10 分；第一次试车不成功扣 10 分，第二次试车不成功扣 10 分	
6		安全文明生产		违反安全文明操作规程酌情扣分	
		合 计	100 分		

注：每项内容的扣分不得超过该项的配分。

4.3.5　思考与练习

① 如何使用频敏变阻器来启动绕线转子电动机？

② 绕线转子电动机的启动方法有哪些？

③ 绕线转子电动机启动时，如何减少机械冲击？

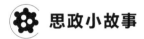 **思政小故事**

绿色动力心脏

项目5

安装与检修三相笼型异步电动机制动控制线路

 学习目标

【知识目标】 •┄┄┄┄┄┄┄┄┄┄┄┄┄┄┄┄┄┄┄┄┄┄┄┄┄┄┄┄┄┄┄┄┄┄┄┄┄┄

① 了解速度继电器的结构参数、动作原理和选择方法。
② 了解三相异步电动机反接制动电路的组成和动作原理。
③ 掌握三相异步电动机反接制动控制线路的组成和动作原理。
④ 掌握三相异步电动机能耗制动控制线路的组成和动作原理。

【技能目标】 •┄┄┄┄┄┄┄┄┄┄┄┄┄┄┄┄┄┄┄┄┄┄┄┄┄┄┄┄┄┄┄┄┄┄┄┄┄┄

① 能够熟练绘制、识读电气图。
② 能根据电路图进行三相异步电动机反接制动控制线路的安装与故障检修。
③ 能根据电路图进行三相异步电动机能耗制动控制线路的安装与故障检修。

【素质目标】 •┄┄┄┄┄┄┄┄┄┄┄┄┄┄┄┄┄┄┄┄┄┄┄┄┄┄┄┄┄┄┄┄┄┄┄┄┄┄

① 培养爱岗敬业、精益求精、一丝不苟、淡泊名利的工匠精神。
② 遵守规则，进行安全文明生产。

 任务 5.1 安装与检修三相异步电动机反接制动控制线路

5.1.1 任务分析

电动机断开电源后，由于惯性的作用不会马上停止转动，而是需要转动一段时间才会完全停下来，这种情况对于某些生产机械是不适宜的。例如，起重机的吊钩需要准确定位，万能铣床要求立即停转等。满足生产机械的这种要求就需要对电动机进行制动。本任务重点分析三相异步电动机的反接制动控制线路。

　　三相异步电动机在使用过程中，需要经常启动与停车。因此，电动机的制动是对电动机运行进行控制的必不可少的过程。三相异步电动机制动时，既要求电动机具有足够大的制动转矩，使电动机拖动生产机械尽快停车；又要求制动转矩变化不要太大，以免产生较大的冲击，造成传动部件的损坏。另外，能耗要尽可能得小；还要求制动方法方便、可靠，制动设备简单、经济、易操作和维护。因此，对不同情况应采取不同的制动方法。

　　在电力拖动系统中，无论从提高生产率，还是从安全、迅速、准确停车等方面考虑，当电动机需要停车时，都应采取有效的制动措施。

　　所谓制动，就是给电动机一个与转动方向相反的转矩，使它迅速停转（或限制其转速）。制动停车的方式有两大类，即机械制动和电气制动。机械制动采用机械抱闸或液压装置制动；电气制动实质上是给电动机产生一个与原来转子的转动方向相反的制动力矩。机床中常用的电气制动方法有反接制动和能耗制动。

　　本任务重点完成三相异步电动机反接制动控制线路安装、调试与检修；反接制动是在电动机三相电源被切断后，立即通上与原相序相反的三相电源，以形成与原转向相反的电磁力矩，利用这个制动力矩使电动机迅速停止转动。这种制动方式必须在电动机转速降到接近零时切除电源，否则电动机仍有反向力矩可能会反向旋转，造成事故，因此需要借助速度传感器对电机速度进行测量。

5.1.2　相关知识

下面介绍三相异步电动机反接制动控制线路。

(1) 电动机单向运行反接制动控制

　　反接制动的关键在于改变接入电动机电源的相序，且当转速下降到接近于零时，能自动把电源切除，防止电动机反向启动。

　　图 5.1.1 为制动电阻对称接法的电动机单向运行反接制动控制电路。

　　反接制动控制的工作原理如下。

　　① 单向启动。合上电源开关 QS，按下 SB2，KM1 线圈得电，触点 KM1（3-4）闭合，自锁；触点 KM1（8-9）断开，实现互锁；KM1 主触点闭合，电动机启动运行，同轴的速度继电器 KS 一起转动。当转速上升到一定值（120r/min 左右），速度继电器 KS 的动合触点 KS（7-8）闭合，为 KM2 线圈通电做准备。

　　② 反接制动。按下复合按钮 SB1，其动断触点 SB1（2-3）先断开，动合触点 SB1（2-7）后闭合；SB1（2-3）分断，KM1 线圈失电，KM1（3-4）断开，解除自锁；KM1（8-9）闭合，解除互锁，为反接制动做准备；KM1 主触点断开，切断电动机电源，由于惯性的作用，电动机转速仍很高，KS（7-8）仍闭合；SB1（2-7）闭合，KM2 线圈得电，KM2（2-7）闭合，自锁；KM2（4-5）断开，实现互锁；KM2 主触点闭合，电动机定子串联三相对称电阻，接入反相序三相交流电源进行反接制动，电动机转速迅速下降。当转速下降到小于 100r/min 时，速度继电器 KS 的触点 KS（7-8）断开，KM2 线圈断电，KM2（4-5）闭合，解除互锁；KM2（2-7）断开，解除自锁；KM2 主触点分断，断开电动机反相序三相交流电源，反接制动过程结束，在阻力的作用下，电动机转速继续下降至零。

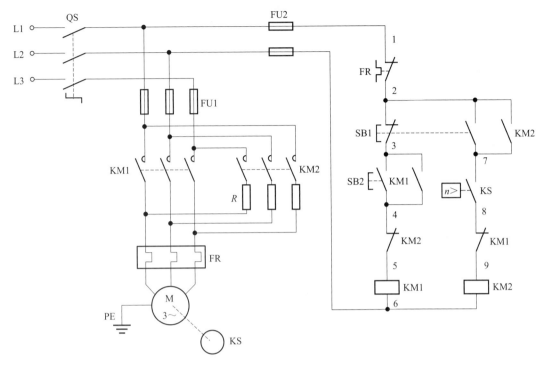

图 5.1.1　制动电阻对称接法的电动机单向运行反接制动控制电路

(2) 电动机双向运行反接制动控制

电动机双向运行的反接制动控制线路如图 5.1.2 所示。

视频扫一扫

反接制动

由于速度继电器的触点具有方向性，所以电动机的正向制动和反向制动分别由速度继电器的两对常开触点 KS-Z（正向）、KS-F（反向）来控制。该线路在电动机正反向启动和反接制动时在定子中都串联电阻，限流电阻 R 起到了在反接制动时限制制动电流，在启动时限制启动电流的双重作用。可逆反接制动控制线路操作方便，具有触点、按钮双重联锁，运行安全可靠的特点，是一个较完善的控制线路。

双向运行反接制动控制线路的工作原理如下。

① 按下正向启动按钮 SB2，运行过程如下。

a. 中间继电器 KA1 线圈得电，KA1 常开触点闭合并自锁，同时正向接触器 KM1 线圈得电，其主触点闭合，电动机正向启动，此时 KM3 未闭合。

b. 刚启动时未达到速度继电器 KS 动作的转速，其常开触点 KS-Z 未闭合，使中间继电器 KA3 线圈不得电，接触器 KM3 线圈也不得电，因而使 R 串联在定子绕组中限制启动电流。

c. 当转速升高至速度继电器 KS 动作时，其常开触点 KS-Z 闭合，KM3 线圈得电吸合，经其主触点短路电阻 R，电动机启动结束，电流通过 KM1 和 KM3，电机正常运行。

② 按下停止按钮 SB1 时，运行过程如下。

a. KA1 线圈失电，KA1 常开触点断开接触器 KM3 线圈电路，使电阻 R 再次串入定子电路，同时，KM1 线圈失电，切断电动机三相电源。

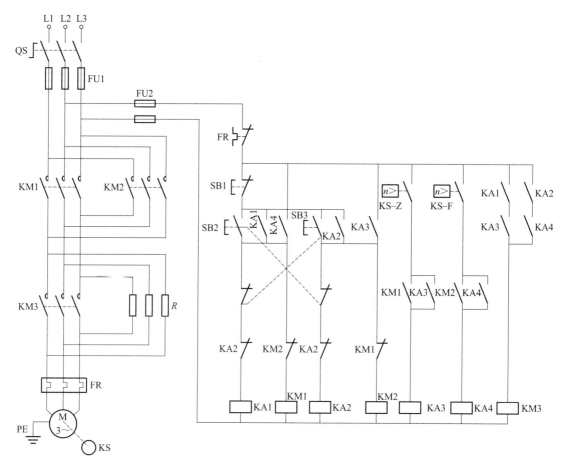

图 5.1.2　电动机双向运行反接制动控制线路

　　b. 此时电动机转速仍较高，常开触点 KS-Z 仍闭合，KA3 线圈仍保持得电状态。在 KM1 线圈失电同时，KM2 线圈得电吸合，其主触点将电动机电源反接，电动机反接制动，定子电路一直串联电阻 R 以限制制动电流。

　　c. 当转速接近 0 时，常开触点 KS-Z 恢复断开，KA3 和 KM2 线圈相继失电，制动过程结束，电动机停转，

　　③ 按下反向启动按钮 SB3 时，运行过程如下。

　　a. 如果正在正向运行，则此时 KM1、KM3 处于吸合状态，KS-Z 处于闭合状态，反向启动按钮 SB3 按下同时切断 KA1、KM1 和 KM3 线圈。

　　b. 中间继电器 KA2 线圈得电，KA2 常开触点吸合并自锁，由于 KM1 失电，KM1 常闭触点恢复闭合，因此反向接触器 KM2 线圈得电，其主触点闭合，电动机先进行反接制动。

　　c. 当速度降至 0 时，常开触点 KS-Z 恢复断开，KM3 仍处于失电状态，电机通过电阻 R 又反向启动。

　　d. 只有当反向转速升高达到 KS-F 动作值时，常开触点 KS-F 闭合，KA4 和 KM3 线圈相继得电吸合，切断电阻 R，直至电动机进入反向正常运行。

④ 如果电机在静止状态下，先按反向启动按钮 SB3 反向启动电机后，再按停止按钮 SB1 或者正向启动按钮 SB2，工作过程与上述过程类似。

5.1.3　任务实施

5.1.3.1　任务要求

本任务要求对一台机床用三相异步笼型电动机拖动实现运行，停车时采用反接制动，根据如图 5.1.1、图 5.1.2 所示的电路原理图，按要求完成电气控制系统的安装与调试。

① 手工绘制元件布置图。

② 进行系统的安装接线。要求完成主电路、控制电路的安装布线，按要求进行线槽布线，导线必须沿线槽在槽内走线，接线端加编码套管。线槽出线应整齐美观，线路连接应符合工艺要求，不损坏电气元件，安装工艺符合相关行业标准。

③ 进行系统调试。

④ 通电试车，完成系统功能演示。

⑤ 本模块操作时间为 180min，时间到立即终止任务。

⑥ 要求操作过程一丝不苟，操作时遵守规则，进行安全文明生产。

5.1.3.2　仪器、设备、元器件及材料

(1) 准备工具、仪表及器材

① 工具：测电笔、螺钉旋具、尖嘴钳、剥线钳和电工刀等。

② 仪表：500V 兆欧表、T301-A 型钳形电流表和 MF47 型万用表。

③ 器材：a. 控制板一块（600mm×500mm×20mm）。b. 导线规格：主电路采用 BVR1.5mm²（红色），控制电路采用 BVR1.0mm²（黑色），按钮线采用 BVR0.75mm²（红色），接地线采用 BVR1.5mm²（黄绿双色）。c. 螺钉、螺母若干。d. 电气元件如表 5.1.1 所示。

表 5.1.1　电动机制动控制线路电气元件明细表

序号	名称	型号与规格	数量	质量检查内容和结果
1	转换开关	HZ10-10/3，380V	1个	
2	三相笼型异步电动机		1台	
3	主电路熔断器	RL1-60A，380V(配 10A 熔体)	3个	
4	控制电路熔断器	RL1-15A，380V(配 6A 熔体)	2个	
5	交流接触器	CJ20-16，380V	3个	
6	组合按钮	LA4-3H，500V，5A	1个	
7	中间继电器	JZ7-44，380V	4个	
8	热继电器	JR36-20/3(0.4～0.63A)，380V	1个	
9	速度继电器	JY1/500V，2A	1台	

序号	名称	型号与规格	数量	质量检查内容和结果
10	异型管		若干米	
11	端子排	TD-2010A、660V	1个	
12	电阻	25W30RJ	3个	

（2）识别、读取线路

识读三相笼型异步电动机反接制动控制线路（如图 5.1.1、图 5.1.2 所示），明确线路所用电气元件及作用，熟悉线路的工作原理，绘制元件布置图和接线图。

5.1.3.3 任务内容及步骤

第一步：选配并检验电气元件。

① 根据电路图按表 5.1.2 所列规格配齐所用电气元件，逐个检验其规格和质量，并填入表 5.1.2 中。

② 根据电动机的容量、线路走向及要求和各元件的安装尺寸，正确选配导线的规格、导线通道类型和数量、接线端子板、控制板、紧固件等。

第二步：在控制板上固定电气元件，并在电气元件附近做好与电路图上相同代号的标记。

第三步：在控制板上进行板前明线布线，并在导线端套编码套管。

第四步：连接电动机和按钮金属外壳的保护接地线，以及电源、电动机等控制板外部的导线。

第五步：自检。

① 根据电路图检查电路的接线是否正确和接地通道是否具有连续性。

② 检查热继电器的整定值和熔断器中熔体的规格是否符合要求。

③ 检查电动机及线路的绝缘电阻。

④ 检查电动机及电气元件是否安装牢固。

⑤ 清理安装现场。

第六步：通电试车。

① 接通电源，点动控制电动机的启动，以检查电动机的转向是否符合要求。

② 试车时，应认真观察各电气元件、线路的工作是否正常。发现异常，应立即切断电源进行检查，待调整或修复后方可再次通电试车。

③ 安装训练应在规定额定时间内完成，同时要做到安全操作和文明生产。

④ 安装与布线工艺要求与前述任务相同。

⑤ 填写任务工单。

⑥ 资料整理。

5.1.3.4 注意事项

交流异步电动机反接制动控制线路常用速度继电器来进行控制，因此其典型的故障也常出自速度继电器。

① 电动机有制动作用，但在 KM2 释放时，电动机的转速仍然较高。这说明 KM2 释放得太早。如有转速表，可测量 KM2 释放时电动机的转速，一般应在 100r/min 左右，若转速太高可进行调节。即松开速度继电器 KS 触点复位弹簧的锁紧螺母，将弹簧的压力调小后再将螺母锁紧。重新观察制动的效果，反复调整。

② 电动机制动时，KM2 释放后电动机发生反转。这是由 KS 复位太迟引起的故障，原因是 KS 触点复位弹簧压力过小，应按上述方法将复位弹簧的压力调大，并反复调整试验，直至达到合适程度。

③ 电动机启动、运行正常，但按下停止按钮 SB2 时电动机断电后仍继续惯性旋转，无制动作用。这时应检查接触器 KM2 各触点及其接线有无问题，并检查 SB1 的动合触点。如果上述检查没有问题，则要检查速度继电器，如其触点接触不良或胶木摆杆断裂，则需要进行修理或更换。另外还可启动电动机，待其转速上升到一定值时，观察速度继电器 KS 的摆杆动作情况，如果发现摆杆摆向未使用的另一组触点，则说明是速度继电器的两组触点选错，应改接另一组触点。

5.1.4　任务考核

针对考核任务，相应的考核评分细则参见表 5.1.2。

表 5.1.2　评分细则

序号	考核内容	考核项目	配分	评分标准	得分
1	电动机及电气元件的检查	(1)电动机质量一般检查； (2)电气元件质量检查	10 分	每漏检或错检一项扣 5 分	
2	元器件的定位安装	(1)安装方法、步骤正确，符合工艺要求； (2)元器件安装美观、整洁	10 分	(1)安装方法、步骤不正确，每个扣 1 分； (2)安装不美观、不整洁，扣 5 分	
3	接线质量	(1)按电路图接线； (2)能正确使用工具熟练安装元器件； (3)布线合理、规范、整齐； (4)接线紧固、接触良好； (5)速度继电器接线正确	40 分	(1)元器件未按要求布局或布局不合理、不整齐、不匀称，扣 2 分； (2)安装不准确、不牢固，每只扣 2 分； (3)造成元器件损坏，每只扣 3 分； (4)速度继电器接线不正确扣 10 分	
4	通电试车	检查线路并通电验证	40 分	没有检查扣 10 分；第一次试车不成功扣 10 分，第二次试车不成功扣 20 分	
5	安全文明生产			违反安全文明操作规程酌情扣分	
	合计		100 分		

注：每项内容的扣分不得超过该项的配分。任务结束前，填写、核实制作和维修记录单并存档。

5.1.5 思考与练习

① 在单向运行串电阻反接制动线路的调试中，电动机启动后，速度继电器 KS 的摆杆摆向没有使用的一组触点，使电路中使用的速度继电器 KS 的触点不能实现控制作用。试对此故障现象进行分析与处理。

② 在单向运行串电阻反接制动线路的调试中，电动机启动正常，但制动效果不佳，停车时间较长。试对此故障现象进行分析与处理。

③ 在单向运行串电阻反接制动线路的调试中，电动机启动正常，但制动时电动机转速为零后又反转，然后停车，试对此故障现象进行分析与处理。

④ 电动机制动的方法一般有机械制动和电力制动两类，电力制动常用的方法有哪几种？

任务 5.2   安装与检修三相异步电动机能耗制动控制线路

5.2.1 任务分析

三相异步电动机的能耗制动是在切断三相电源的同时立即在任意两相定子绕组之间接入直流电源，于是在定子绕组中将产生一个稳定的磁场，此时旋转的转子切割磁感线，产生感应电流，从而受到电磁力，产生一个与转动方向相反的制动转矩，使电动机迅速停转。本任务重点分析三相异步电动机的能耗制动控制线路。

在对三相交流异步电动机实施制动的过程时，先将电动机脱离三相交流电源；然后将一个直流电源接入电动机定子绕组的任意两相，在电动机内建立一个恒定磁场；转子因惯性继续转动而切割恒定磁场，则转子回路产生感应电动势和感应电流；载流转子在恒定磁场中受到电磁力的作用，该电磁力作用在转子轴上形成与转子方向相反的电磁转矩。因此，使电动机的转速迅速下降。当电动机的转速下降到零时，转子回路的感应电动势和感应电流都为零，故制动转矩为零，制动过程结束。这种制动方法实质上是通过在定子绕组中通入直流电，将转子所具有的动能转变为电能，消耗在转子回路来进行制动的，所以称为能耗制动，又称动能制动。显然，制动转矩的大小与所通入直流电流的大小和电动机的转速有关。转速越高，磁场越强，则产生的制动转矩越大。但通入的直流电流不能太大，否则会烧坏定子，通常为电动机空载电流的 3~5 倍，可以通过调节制动电阻来调节制动电流。

能耗制动的控制方式有以时间为原则控制和以速度为原则控制两种。

5.2.2 相关知识

(1) 以时间为原则控制的电动机单向运行能耗制动

① 半波整流能耗制动控制线路。该电路与有变压器全波整流能耗制动控制线路相比，省去了变压器，直接利用三相电源中的一相进行半波整流后，向电动机任意两相绕组输入直

流电源作为制动电流。这样既简化了电路，又降低了设备成本。

图 5.2.1 为半波整流能耗制动控制线路。其工作原理如下：先合上电源开关 QS，再进行如下操作。

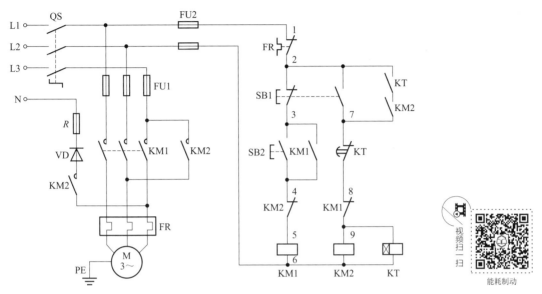

图 5.2.1　以时间为原则控制的电动机单向运行的半波整流能耗制动控制线路

a. 单向启动运转：

b. 能耗制动停转：

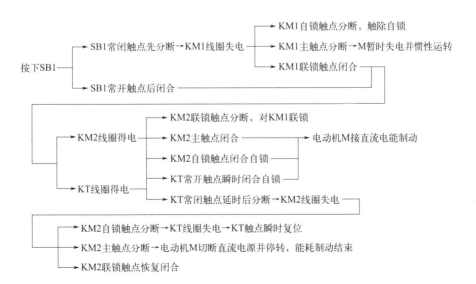

图 5.2.1 中 KT 瞬时闭合常开触点的作用是当 KT 出现线圈断线或机械卡住等故障时，按下 SB1 后能使电动机制动后脱离直流电源。

② 全波整流能耗制动控制线路。图 5.2.2 是以时间为原则控制的电动机单向运行的全波整流能耗制动控制线路。图中 KM1 为单向运行接触器，KM2 为能耗制动接触器，TC 为整流变压器，VC 为桥式整流电路，KT 为通电延时型时间继电器。SB2 为启动按钮，SB1 为停止按钮。

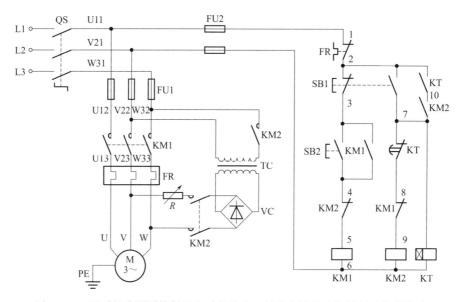

图 5.2.2　以时间为原则控制的电动机单向运行的全波整流能耗制动控制线路

电路的工作原理如下。

a. 单向启动运转。按下 SB2，KM1 线圈得电，KM1（3-4）闭合，自锁；KM1（8-9）断开，对 KM2 线圈互锁；KM1 主触点闭合，电动机启动运转。

b. 能耗制动停转。按下复合按钮 SB1，SB1（2-3）先分断，KM1 线圈失电，KM1（3-4）分断，解除自锁；KM1（8-9）闭合，解除对 KM2 线圈的互锁；KM1 主触点断开，电动机断电并惯性运转。随后 SB1（2-7）闭合，KM2、KT 线圈得电，触点 KT（2-10）和 KM2（10-7）闭合串联自锁；KM2 的主触点闭合，直流电源接入电动机的两相定子绕组，进行能耗制动，电动机的转速迅速下降。经过一定的延时，KT（7-8）分断，KM2 线圈失电，KM2（10-7）分断，解除自锁；KM2 主触点断开，将电动机接入的直流电源断开；KT 线圈失电，制动过程结束。时间继电器的动作时间整定为电动机转速下降至接近于零的时间。

（2）以速度为原则控制的电动机单向运行能耗制动

图 5.2.3 是以速度为原则控制的电动机单向运行的能耗制动控制电路。与以时间为原则控制的电动机单向运行能耗制动控制电路不同在于，增加了速度继电器 KS，取消了时间继电器 KT，用速度继电器的动合触点代替时间继电器的延时断开触点。

电路的工作原理如下。

① 单向启动运转：按下 SB2，KM1 线圈得电，KM1（3-4）闭合，自锁；KM1（8-9）

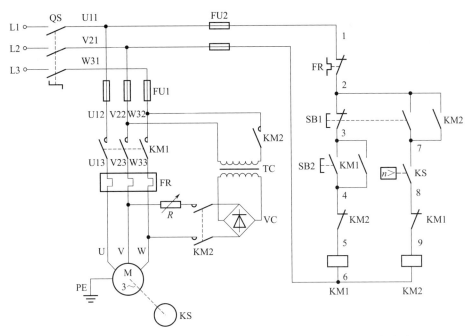

图 5.2.3　以速度为原则控制的电动机单向运行的能耗制动控制线路

断开，对 KM2 线圈互锁；KM1 主触点闭合，电动机启动运转。当电动机速度上升到一定值时，速度继电器的动合触点 KS（7-8）闭合。

　　② 能耗制动停转：按下复合按钮 SB1，SB1（2-3）先分断，KM1 线圈失电，KM1（3-4）分断，解除自锁；KM1（8-9）闭合，解除对 KM2 线圈互锁；KM2 主触点断开，电动机断电并惯性运转，但电动机的转速仍很高，触点 KS（7-8）仍然闭合。随后 SB1（2-7）闭合，KM2 线圈得电，KM2（2-7）闭合，自锁；KM2 的主触点闭合，直流电源接入电动机的两相定子绕组进行能耗制动，电动机的转速迅速下降。当电动机的转速下降到接近零时，速度继电器的动合触点 KS（7-8）分断，KM2（2-7）分断，解除自锁，KM2 主触点断开，将电动机接入的直流电源断开，制动过程结束。

　　能耗制动的特点是制动准确、平稳、能量消耗小、冲击小；但需要附加直流电源装置，低速时制动力矩小。能耗制动一般用于要求制动准确、平稳的场合，如矿井提升设备、起重机以及机床等的制动控制。

　　如果电动机的负载转矩较稳定时，可采用以时间为原则控制的能耗制动方式，这样时间继电器的整定值比较固定。如果电动机能够通过传动系统实现速度的变换，可以采用以速度为原则控制的能耗制动方式。另外，10kW 以下的电动机一般采用无变压器半波整流作为直流电源；10kW 以上的电动机多采用有变压器全波整流作为直流电源。

5.2.3　任务实施

5.2.3.1　任务要求

有一台机床用三相异步笼型电动机拖动实现单向运行，停车采用能耗制动。提供的电路原理图如图 5.2.1~图 5.2.3 所示。按要求完成电气控制系统的安装与调试。

① 手工绘制元件布置图。

② 进行系统的安装接线。要求完成主电路、控制电路的线槽安装布线，导线必须沿线槽在槽内走线，接线端加编码套管。线槽出线应整齐美观，线路连接应符合工艺要求，不损坏电气元件，安装工艺符合相关行业标准。

③ 进行系统调试。

④ 通电试车，完成系统功能演示。

⑤ 本模块操作时间为 180min，时间到立即终止任务。

⑥ 要求操作过程一丝不苟，操作时遵守规则，进行安全文明生产。

5.2.3.2　仪器、设备、元器件及材料

① 工具：测电笔、螺钉旋具、尖嘴钳、剥线钳和电工刀等。

② 仪表：500V 兆欧表、T301-A 型钳形电流表和 MF47 型万用表。

③ 器材：a. 控制板一块（600mm×500mm×20mm）。b. 导线规格：主电路采用 BVR1.5mm^2（红色），控制电路采用 BVR1.0mm^2（黑色），按钮线采用 BVR0.75mm^2（红色），接地线采用 BVR1.5mm^2（黄绿双色）。c. 螺钉、螺母若干。d. 电气元件如表 5.2.1 所示。

表 5.2.1　电动机制动控制电路电气元件明细表

序号	名称	型号与规格	数量	质量检查内容和结果
1	转换开关	HZ10-10/3、380V	1 个	
2	三相笼型异步电动机	Y712-4、380V、370W	1 台	
3	主电路熔断器	RL1-60A、380V（配 10A 熔体）	3 个	
4	控制电路熔断器	RL1-15A、380V（配 6A 熔体）	2 个	
5	交流接触器	CJ20-16、380V	2 个	
6	组合按钮	LA4-3H、500V、5A	1 个	
7	时间继电器	JS7-1A、380V	1 个	
8	热继电器	JR36-20/3(0.4~0.63A)、380V	1 个	
9	速度继电器	JY1/500V、2A	1 台	
10	二极管	KP5-7、700V	1 个	
11	桥堆	KBPC3510、20A	1 个	
12	可调电阻		1 个	
13	端子排	TD-2010A、660V	1 个	
14	电阻	25W30RJ	3 个	
15	变压器	BK-50VA、380V/36V	1 个	

5.2.3.3　任务内容及步骤

(1) 识别、读取线路

识读三相笼型异步电动机的制动控制电路（如图 5.2.1~图 5.2.3 所示），明确线路所

用电气元件及作用，熟悉线路的工作原理，绘制元件布置图和接线图。

（2）电路安装步骤

第一步：选配并检验电气元件。

① 根据电路图按表5.2.1所列规格配齐所用电气元件，逐个检验其规格和质量，并填入表5.2.1中。

② 根据电动机的容量、线路走向及要求和各元件的安装尺寸，正确选配导线的规格、导线通道类型和数量、接线端子板、控制板、紧固件等。

第二步：在控制板上固定电气元件，并在电气元件附近做好与电路图上相同代号的标记。

第三步：在控制板上进行板前明线布线，并在导线端套编码套管。

第四步：连接电动机和按钮金属外壳的保护接地线，以及电源、电动机等控制板外部的导线。

第五步：自检。

① 根据电路图检查电路的接线是否正确和接地通道是否具有连续性。

② 检查热继电器的整定值和熔断器中熔体的规格是否符合要求。

③ 检查电动机及线路的绝缘电阻。

④ 检查电动机及电气元件是否安装牢固。

⑤ 清理安装现场。

第六步：通电试车。

① 接通电源，点动控制电动机的启动，以检查电动机的转向是否符合要求。

② 试车时，应认真观察各电气元件、线路的工作是否正常，发现异常，应立即切断电源进行检查，待调整或修复后方可再次通电试车。

③ 安装训练应在规定额定时间内完成，同时要做到安全操作和文明生产。

（3）安装与布线工艺要求与前述任务相同

5.2.3.4　注意事项

如果线路停车时没有制动作用（以图5.2.1为例分析），其原因通常是电动机断开交流电源后直流电源没有通入。可检查直流电源有无问题、检查KM2和时间继电器KT的触点是否接触良好以及线圈有无损坏等。此外，如果制动电流太小，制动效果也不明显，如无电路故障，可调节可调电阻以调节制动电流。

5.2.4　任务考核

针对考核任务，相应的考核评分细则参见表5.2.2。

表 5.2.2　评分细则

序号	考核内容	考核项目	配分	评分标准	得分
1	电动机及电气元件的检查	(1)电动机质量一般检查；(2)电气元件质量检查	10分	每漏检或错检一项扣5分	

续表

序号	考核内容	考核项目	配分	评分标准	得分
2	元器件的定位安装	(1)安装方法、步骤正确,符合工艺要求; (2)元器件安装美观、整洁	10分	(1)安装方法、步骤不正确,每个扣1分; (2)安装不美观、不整洁,扣5分	
3	接线质量	(1)按电路图接线; (2)能正确使用工具熟练安装元器件; (3)布线合理、规范、整齐; (4)接线紧固、接触良好; (5)速度继电器接线正确	40分	(1)元器件未按要求布局或布局不合理、不整齐、不匀称,扣2分; (2)安装不准确、不牢固,每只扣2分; (3)造成元器件损坏,每只扣3分; (4)速度继电器接线不正确扣10分	
4	通电试车	检查线路并通电验证	40分	没有检查扣10分;第一次试车不成功扣10分,第二次试车不成功扣20分	
5	安全文明生产			违反安全文明操作规程酌情扣分	
合计			100分		

注:每项内容的扣分不得超过该项的配分。

5.2.5　思考与练习

① 在按时间原则控制的全波整流能耗制动控制线路的调试中,按下停止按钮 SB1,电动机断电自由停车而不是制动停车,试进行故障分析与处理。

② 在按时间原则控制的全波整流能耗制动控制线路的调试中,按下停止按钮 SB1,电动机进行能耗制动,但比预期的制动时间要长,试分析其故障原因。

③ 概念解释:制动、反接制动、能耗制动。

🛠 思政小故事

干一行爱一行:门外汉成为行业专家

项目6

安装与检修典型生产机械设备电气控制线路

 学习目标

【知识目标】

① 了解典型机械设备的基本结构和运动形式。

② 熟悉电气控制原理图的分析方法。

③ 掌握电气控制线路故障检修的方法。

【技能目标】

① 能够分析典型机械设备的电气控制原理。

② 能够根据故障现象进行故障判断和处理。

③ 能整理与记录制作和检修技术文件。

【素质目标】

① 培养爱岗敬业、精益求精、一丝不苟、淡泊名利的工匠精神。

② 遵守规则，进行安全文明生产。

 任务 6.1 安装与检修 C650 型卧式车床电气控制线路

6.1.1 任务分析

车床能够车削外圆、内孔、端面、钻孔、铰孔、切槽、切断、螺纹、螺杆及成形表面等，是金属切削机床中应用最为广泛的一种，约占机床总数的 25%～50%。作为一名电气化专业技术人员，必须熟悉车床的结构、电气控制原理、安装与电气故障排除。

在各种车床中，应用最多的是普通车床，C650 是普通车床中较大的机型。本任务讲解 C650 型卧式车床电气控制线路的安装与检修。通过学习熟悉 C650 型卧式车床的主要结构、运动形式及电力拖动控制要求；掌握 C650 型卧式车床电气控制原理图的分析方法；掌握 C650 型卧式车床控制线路的故障判断与处理方法；能对所设置的人为故障点进行分析与排除。

6.1.2　相关知识

6.1.2.1　C650 型普通车床的工艺特点与电气控制

(1) 普通车床结构

普通车床主要由主轴变速箱、挂轮箱、进给箱、溜板箱、床身、刀架、尾座、光杆和丝杆等部件组成，如图 6.1.1 所示。

图 6.1.1　普通车床的结构图

1—进给箱；2—挂轮箱；3—主轴变速箱；4—刀架；5—溜板箱；6—尾座；7—丝杆；8—光杆；9—床身

(2) 卧式车床电气控制系统分析

在金属切削机床中，卧式车床是机械加工中应用最广泛的一种机床，它能完成多种多样的加工工序。卧式车床的工艺特征为对各种回转体类零件进行加工，如各种轴类、套类和盘类零件，可以车削出内外圆柱面、圆锥面、成形回转面、各种常用螺纹及端面等。其运动特征为主轴带动工件旋转，形成切削主运动，刀架移动形成进给运动，刀架的进给运动由主电动机提供动力，刀架的快速运动由快速电动机提供，操作形式为点动。不同型号的卧式车床加工零件的尺寸范围不同，拖动电动机的工作要求不同，因而控制电路也不尽相同。从总体上看，由于卧式车床运动形式简单，常采用机械调速的方法，因此相应的控制线路不复杂。在主轴正转、反转和制动的控制方面，有电气控制和机械控制。

(3) 电力拖动及控制要求分析

一般的卧式车床配置三台三相笼型异步电动机，分别为提供工作进给运动和主运动的主轴电动机 M1、驱动冷却泵供液的电动机 M2，以及驱动刀架快速移动的电动机 M3。电动机的控制要求分述如下。

① 主电动机控制要求。卧式车床的主电动机 M1 完成主轴运动和进给运动的拖动。主轴与刀架运动要求电动机能够直接启动，同时还要求能够正转、反转，并可对正、反两个方向进行制动停车控制；为了加工和调整的方便，需要具有点动功能；为了提高加工效率，主轴的转动需要进行制动。

② 冷却泵电动机控制要求。冷却泵电动机 M2 在加工时带动冷却泵工作，提供切削液，可以直接启动，并且为连续工作状态。

③ 快速移动电动机控制要求。快速移动电动机 M3 用于拖动溜板箱带动刀架快速移动，在工作过程中以点动工作方式进行，需要根据使用情况随时手动控制启停。

(4) C650 型卧式车床的电气控制线路分析

C650 型卧式车床电气控制原理如图 6.1.2 所示。

① 主电路分析。断路器 QF 将三相交流电源引入。FU1 为电动机 M1 短路保护用熔断器。FR1 为 KM1 过载保护用热继电器。R 为限流电阻，主轴点动时，限制电动机启动电流；而停车反接制动时，又起到限制过大反向制动电流的作用。通过电流互感器 TA 接入的电流表 A，用来监视主电动机 M1 的绕组电流，通过调整切削用量，使电流表的电流接近主电动机 M1 额定电流的对应值，以提高生产效率并充分发挥电动机的潜力。KM1、KM2 分别为主电动机正转接触器、反转接触器；KM3 用于短路限流电阻 R。速度继电器 KS 用于在反接制动时检测主电动机 M1 的转速。

冷却泵电动机 M2 通过接触器 KM4 的控制来实现单向连续运转，FU2 为 M2 的短路保护用熔断器，FR2 为其过载保护用热继电器。

快速移动电动机 M3 通过接触器 KM5 的控制实现单向旋转短时工作，FU3 为其短路保护用熔断器。

② 控制电路分析。控制变压器 TC 供给控制电路 110V 交流电源，同时还为照明电路提供 36V 交流电源。FU5 为控制电路短路保护用熔断器，FU4 为照明电路短路保护用熔断器，车床局部照明灯 EL 由开关 SA 控制。

a. 主电动机 M1 的点动调整控制。按下点动按钮 SB2 不松手时，接触器 KM1 线圈通电，其常开主触点闭合，电源经限流电阻 R 使主电动机 M1 启动，减少了启动电流。松开 SB2，KM1 线圈断电，主电动机 M1 停转。

工作过程分析如下：按下 SB2→KM1 通电→M1 正转；松开 SB2→KM1 断电→M1 停转。

b. 主电动机 M1 的正、反转控制。主电动机 M1 的正转控制过程如下。

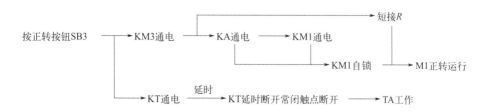

反转按钮 SB4 的工作情况类似，可自行分析。

c. 主电动机 M1 的停车控制。主电动机 M1 停车采用反接制动方式，由正反转可逆电路和速度继电器 KS 组成。

假设原来主电动机 M1 正转运行，则电动机转速大于 $120r/min$，KS 的正向常开触点 KS1 闭合，为正转制动做准备；而此时反向常开触点 KS2 依然断开。按下总停按钮 SB1，原来通电的 KM1、KM3、KT 和 KA 随即断电，它们的所有触点均复位。当 SB1 松开后，反转接触器 KM2 线圈由于 KS1 的闭合而立即通电，电流通路如下：

线号 1→SB1 常闭触点→KA 常闭触点→KS 正向常开触点 KS1→KM1 常闭触点→KM2 线圈→线号 0

这样，主电动机 M1 串入电阻 R 反接制动，正向转速很快降下来。当转速降到很低时（$n<100r/min$），KS 的正向常开触点 KS1 断开，从而切断上述电流通路。至此，正向反接制动就结束了。

电路工作过程分析如下。

主电动机正转时，KM1、KM3、KT、KA都通电，KS1闭合
按SB1→KM1、KM3、KT、KA都断电
　　　　　　　　　　　　　　　　　　　}KM2通电→M1反接制动
松开SB1

当 $n<100r/min$ 时，KS1 断开→KM2 断电→M1 反接制动结束。

由控制电路可以看出，KM3 的常开触点直接控制 KA，因此 KM3 和 KA 触点的闭合和断开情况相同，从图 6.1.2 可知，KA 的常开触点用了 3 个，常闭触点用了 1 个。因 KM3 的辅助常开触点只有 2 个，故不得不增设中间继电器 KA 进行扩展，即中间继电器 KA 起扩展接触器 KM3 触点的作用。可见，电气电路要考虑电气元件触点的实际情况，在电路设计时更应引起重视。

反向反接制动过程可自行分析。

d. 冷却泵电动机 M2 的控制。由停止按钮 SB5、启动按钮 SB6 和接触器 KM4 组成，构成冷却泵电动机 M2 单向旋转启动、停止控制电路。按下 SB6，KM4 线圈通电并自锁，M2 启动旋转；按下 SB5，KM4 线圈断电释放，M2 断开三相交流电源，自然停车。

e. 刀架快速移动电动机 M3 的控制。刀架快速移动是通过转动刀架手柄压动限位开关 SQ 来实现的。当手柄压下限位开关 SQ 时，接触器 KM5 线圈得电吸合，其常开主触点闭合，电动机 M3 启动旋转，拖动溜板箱与刀架做快速移动；松开刀架手柄，限位开关 SQ 复位，KM5 线圈断电释放，M3 停止转动，刀架快速移动结束。刀架移动电动机为单向旋转，而刀架的左右移动由机械传动实现。

f. 照明电路和控制电源。图 6.1.2 中 TC 为控制变压器，其二次绕组有两路，一路电压为交流 110V，为控制电路提供电源；另一路电压为交流 36V，为照明电路提供电源。将灯开关 SA 置于"合"位置时，SA 就闭合，照明灯 EL 点亮；SA 置于"分"位置时，EL 就熄灭。

g. 电流表 A 的保护电路。为了监视主电动机的负载情况，在电动机 M1 的主电路中，通过电流互感器 TA 接入电流表 A。为了防止电动机启动、点动时启动电流和停车制动时制

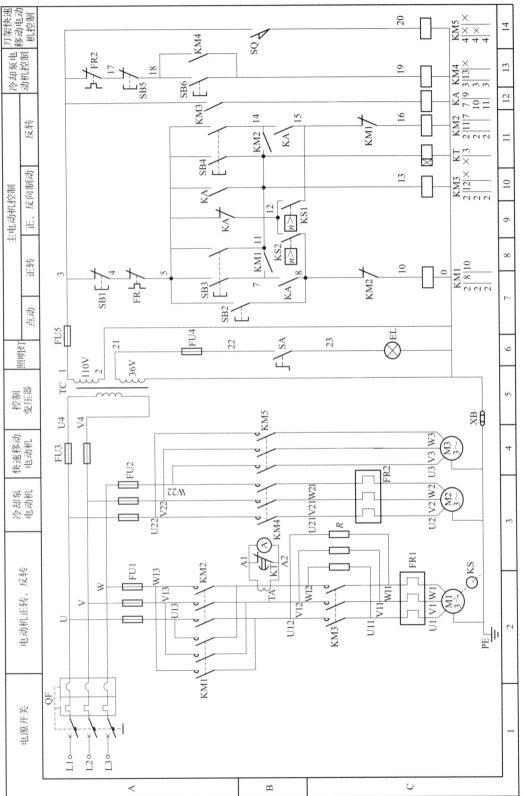

图 6.1.2　C650 型卧式车床电气控制线路

动电流对电流表的冲击，电路中接入一个时间继电器 KT，且 KT 线圈与 KM3 线圈并联。启动时，KT 线圈通电吸合，其延时断开的常闭触点将电流表短路，经过一段延时（2s 左右），启动过程结束，KT 延时断开的常闭触点断开，正常工作电流流经电流表，以便监视电动机在工作中电流的变化情况。

视频扫一扫

安装与检修C650型卧式
车床电气控制线路

6.1.2.2   C650 型卧式车床常见电气故障的分析与检修

根据 C650 型车床自身的特点，在使用中常会出现如下一些故障。

(1) 主轴不能点动控制
主要检查点动按钮 SB2。检查其动合触点是否损坏或接线是否脱落。

(2) 刀架不能快速移动
故障的原因可能是行程开关 SQ 损坏或接触器主触点被杂物卡住、接线脱落，或者快速移动电动机损坏。出现这些故障，应及时检查，逐项排除，直至正常运行。

(3) 主轴电动机 M1 不能进行反接制动控制
主要原因是速度继电器 KS 损坏或者接线脱落、接线错误；或者是电阻 R 损坏、接线脱落等。

(4) 不能检测主轴电动机负载
首先检查电流表是否损坏，如损坏，应先检查电流表损坏的原因；其次可能是时间继电器设定的时间较短或损坏、接线脱落，或者是电流互感器损坏。

6.1.3 任务实施

6.1.3.1   任务要求

① 正确使用电工工具、仪器和仪表。
② 根据故障现象，在电气控制电路图上分析故障可能产生的原因，确定故障发生的范围。
③ 在训练过程中，带电进行检修时，应注意人身和设备的安全。

6.1.3.2   工具、设备及技术资料

① 工具：测电笔、螺钉旋具、尖嘴钳、剥线钳和电工刀等常用电工工具；检测专用导线。
② 仪表：500V 兆欧表和万用表。
③ 设备及技术资料：C650 型卧式车床电气控制屏柜；C650 型卧式车床电气原理图。

6.1.3.3   任务内容及步骤

① 先观摩 C650 型车床控制屏柜上人为设置的一个自然故障点，指导老师示范检修。示

范检修时，按检修步骤观察故障现象，判断故障范围，查找故障点，排除故障，通电试车。指导老师边讲解边操作。

② 预先知道故障点，以及如何从观察现象着手进行分析，运用正确的检修步骤和方法进行故障排除。

③ 练习一个故障点的检修。

④ 在初步掌握了一个故障点的检修方法的基础上，再设置其他故障点，故障现象尽可能不相互重合。

⑤ 排除故障：根据故障点情况，排除故障。

⑥ 通电试车：检查机床各项操作，直到符合技术要求为止。

⑦ 填写表 6.1.1 故障检修报告内容。

6.1.3.4　注意事项

① 应根据故障现象，采用正确的分析方法，分析产生故障的原因。

② 在排除故障过程中不得随意松动原接线端子，若有必要松动，必须及时复原。

③ 在排除故障时，不得采用更换电气元件、借用触点及改动线路的方法，必须修复故障点。

④ 检修时，严禁扩大故障范围或产生新的故障，也不得损坏电气元件。

⑤ 在通电试验和带电检修时，必须经指导老师同意后方可进行，并由指导老师现场监护，以确保安全。

⑥ 搞好文明生产，保证实训场地的卫生、整洁，仪表、工具摆放整齐。

表 6.1.1　C650 型卧式车床电气线路故障排除检修报告

项目	检修报告栏	备注
故障现象与故障部位		
故障分析		
故障检修过程		

6.1.4　任务考核

技能考核任务书如下。

机床电气控制线路故障排除任务书
（1）任务名称 检修 C650 型卧式车床电气控制屏柜的电气故障。 （2）具体任务 在 C650 型卧式车床电气控制屏柜上设隐蔽故障 3 处。其中一次回路 1 处，二次回路 2 处。由考生单独排除故障。考生向考评员询问故障现象时，考评员可以将故障现象告诉考生。 （3）考核要求 ① 正确使用电工工具、仪表和仪器。 ② 根据故障现象，在 C650 型卧式车床电气控制屏柜上分析故障可能产生的原因，确定故障发生的范围。 ③ 在考核过程中，带电进行操作时，应注意人身和设备的安全。 ④ 考核过程中，考生必须完成 C650 型卧式车床电气线路故障排除检修报告（见表 6.1.1）。 （4）考点准备器材 ① 常用电工工具及万用表。 ② C650 型卧式车床电气控制屏柜及电气原理图。 （5）时间要求 本模块操作时间为 45min，时间到立即终止任务。

针对考核任务，相应的考核评分细则参见表 6.1.2。

表 6.1.2　评分细则

序号	考核内容	考核要求	评分标准	配分	评分
1	调查研究	对每个故障现象进行调查研究	排除故障前不进行调查研究扣 5 分	5	
2	故障分析	在电气控制线路上分析故障可能产生的原因，思路正确	（1）错标或不标出故障范围，每个故障点扣 5 分； （2）不能标出最小故障范围，每个故障点扣 5 分	25	
3	故障排除	正确使用工具和仪表，找出故障点并排除故障	（1）实际排除故障中思路不清楚，每个故障点扣 5 分； （2）每少查出 1 处故障点扣 5 分； （3）每少排除 1 处故障点扣 6 分； （4）排除故障方法不正确，每处扣 10 分	70	
4	其他	操作有误，此项从总分中扣分	（1）排除故障时产生新的故障后不能自行修复，每个扣 10 分；已经修复，每个扣 5 分； （2）损坏电气元件扣 10 分； （3）考核超时，每超过 5min 扣 2 分		

6.1.5　思考与练习

（1）选择题

① 车床从_____考虑，选用笼型三相异步电动机，不进行电气调速。

A. 经济性、可靠性　　B. 可行性　　　　　　C. 安全性

② C650 型车床的过载保护采用_____，短路保护采用_____，失压保护采用_____。

A. 接触器自锁触点　　B. 熔断器　　　　　C. 热继电器　　　　　　D. 接触器线圈

③ C650 型车床主轴电动机若有一相断开，会发出嗡嗡声，转矩下降，可能导致_____。

A. 烧毁电动机　　　　B. 烧毁控制电路　　C. 电动机加速运转

④ C650 型车床主轴电动机制动采用_____制动。

A. 机械　　　　　　　B. 电气　　　　　　C. 能耗　　　　　　　D. 反接

⑤ 在 C650 型车床电气线路中，为了防止电流表被启动电流冲击损坏，利用_____触点在启动时短接电流表。

A. 延时闭合　　　　　B. 延时开启　　　　C. 通电延时　　　　　D. 断电延时

（2）填空题

① 普通车床采用_____调速，为了减小振动，采用_____传动。

② 普通车床电动机没有反转控制，而主轴有反转要求，这点是靠_____实现的。

③ 车床车削螺纹靠_____实现。

④ C650 型车床采用_____台电动机控制。其中 M1 为_____电动机，完成_____运动和_____运动的驱动。

⑤ C650 型车床主拖动电动机采用_____启动和_____制动。

（3）简答题

① 在 C650 车床电气控制原理图中，主轴电动机 M1 不能正转，但能点动和反转，试对此故障现象进行分析与处理。

② 在 C650 车床电气控制原理图中，主轴电动机 M1 不能点动及正转，且反转时无反接制动，试对此故障现象进行分析与处理。

③ 在 C650 车床电气控制原理图中，主轴电动机 M1 点动缺相运行，正反转运行时正常，但正、反转时均不能停车。试对此故障现象进行分析与处理。

任务 6.2　安装与检修 Z3040 型摇臂钻床电气控制线路

6.2.1　任务分析

钻床是一种用途广泛的万能机床，从机床的结构形式来分，有立式钻床、卧式钻床、深孔钻床及多头钻床。而立式钻床中摇臂钻床用途较为广泛，在钻床中具有一定的典型性。本任务以 Z3040 型摇臂钻床为例进行分析。

通过本任务的学习熟悉 Z3040 型摇臂钻床的主要结构、运动形式及电力拖动控制要求；

掌握 Z3040 型摇臂钻床电气控制原理图的分析方法；掌握 Z3040 型摇臂钻床控制线路的故障判断与处理方法；能对所设置的人为故障点进行分析与排除。

6.2.2 相关知识

6.2.2.1 Z3040 型摇臂钻床的工艺特点与电气控制

Z3040 型摇臂钻床的最大钻孔直径为 40mm，适用于加工中小零件，可以进行钻孔、扩孔、铰孔、刮平面及攻螺纹等多种形式的加工。增加适当的工艺装备还可以进行镗孔。

(1) 摇臂钻床的结构

摇臂钻床主要由底座、内立柱、外立柱、摇臂、主轴箱、工作台等组成，如图 6.2.1 所示。内立柱固定在底座上，在它外面套着空心的外立柱，外立柱可绕着不动的内立柱回转一周。摇臂一端的套筒部分与外立柱滑动配合，借助于丝杠摇臂可沿着外立柱上下移动，但两者不能做相对转动，因此，摇臂将与外立柱一起相对内立柱回转。主轴箱具有主轴旋转运动部分和主轴进给运动部分的全部传动机构和操作机构，包括主电动机在内，主轴箱可沿着摇臂上的水平导轨做径向移动。当进行加工时，可利用夹紧机构将主轴箱紧固在摇臂上，外立柱紧固在内立柱上，摇臂紧固在外立柱上，然后进行钻削加工。

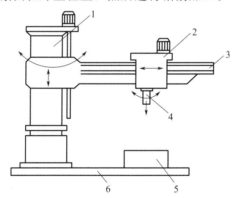

图 6.2.1 Z3040 摇臂钻床结构示意图

1—内外立柱；2—主轴箱；3—摇臂；4—主轴；5—工作台；6—底座

(2) 摇臂钻床的电力拖动特点

由于摇臂钻床的运动部件较多，故采用多电动机拖动，这样可以简化传动装置的结构。整个机床由四台笼型感应电动机拖动。

① 主拖动电动机。钻头（主轴）的旋转与钻头的进给，是由一台电动机拖动的，由于多种加工方式的要求，所以对摇臂钻床的主轴与进给都提出较大的调速范围要求。该机床的主轴调速范围为 80，正转最低速度为 25r/min，最高速度为 2000r/min，分 16 级变速；进给运动的调速范围为 80，最低进给量是 0.04mm/r，最高进给量是 3.2mm/r，也分为 16 级变速。用变速箱改变主轴的转速和进刀量，不需要电气调速。在加工螺纹时，要求主轴能正反转，且是由机械方法变换的，所以，电动机不需要反转，主电动机的容量为 3kW。

② 摇臂升降电动机。当工件与钻头相对高度不合适时，可将摇臂升高或降低，由一台

1.1kW 笼型感应电动机拖动摇臂升降装置。

③ 液压泵电动机。摇臂、立柱、主轴箱的夹紧放松，均采用液压传动菱形块夹紧机构，夹紧用的高压油是一台 0.6kW 的电动机带动高压油泵送出的。由于摇臂的夹紧装置与主柱的夹紧装置、主轴的夹紧装置不是同时动作，所以，采用一台电动机拖动高压油泵，由电磁阀控制油路。

④ 冷却液泵电动机。切削时，刀具及工件的冷却由冷却液泵供给所需的冷却液，由一台 0.125kW 笼型感应电动机带动，冷却液流量大小由专用阀门调节，与电动机转速无关。

(3) Z3040 型摇臂钻床的电气控制线路分析

图 6.2.2 是 Z3040 型摇臂钻床电气控制原理图。

① 主电路。钻床的总电源由 QS 控制，并配有用作短路保护的熔断器 FU0。主电动机 M1、摇臂升降电动机 M2 及液压泵电动机 M3 由接触器通过按钮控制。冷却泵电动机 M4 根据工作需要，由 SA 控制。摇臂升降电动机与液压泵电动机采用熔断器 FU2 保护。长期工作制运行的主电动机及液压泵电动机，采用热继电器作过载保护。

熔断器 FU2 是第二级保护熔断器，需要根据所保护的摇臂升降电动机及液压泵电动机的具体容量选择。因此，在发生短路事故时，FU2 熔断，事故不致扩大。若 FU2 中有一只熔断，电动机单相运行，此时，电流可以使其他两相上的熔断器 FU2 熔断，但不能使总熔断器 FU0 熔断，所以，FU2 又可以保护电动机单相运行，其设置是必要的。

② 控制电路。控制电路、照明电路及指示灯均由一台电源变压器 T 降压供电，有 127V、36V、6.3V 三种电压。127V 电压供给控制电路，36V 电压作为局部照明电源，6.3V 作为信号指示电源。图 6.2.2 中，KM2、KM3 分别为上升与下降接触器，KM4、KM5 分别为松开与夹紧接触器，SQ2、SQ3 分别为松开与夹紧限位开关，SQ0、SQ4 分别为摇臂升降极限开关，SB3、SB4 分别为上升与下降按钮，SB5、SB6 分别为立柱、主轴箱夹紧装置的松开与夹紧按钮。

a. 主电动机控制。按启动按钮 SB2，接触器 KM0 线圈通电吸合并自锁，其主触点接通主拖动电动机的电源，主电动机 M1 旋转。需要使主电动机停止工作时，按停止按钮 SB1，接触器 KM1 断电释放，主电动机 M1 被切断电源而停止工作。主电动机采用热继电器 FR1 作过载保护，采用熔断器 FU1 作短路保护。

主电动机的工作指示由 KM0 的辅助动合触点控制指示灯 HL3 来实现，当主电动机在工作时，指示灯 HL3 亮。

b. 摇臂的升降控制。摇臂的升降对控制要求如下：

(a) 摇臂的升降必须在摇臂放松的状态下进行。

(b) 摇臂的夹紧必须在摇臂停止时进行。

(c) 按下上升（或下降）按钮，首先使摇臂的夹紧机构放松，放松后，摇臂自动上升（或下降），上升（或下降）到位后，放开按钮，夹紧装置自动夹紧，夹紧后液压泵电动机停止。

横梁的上升或下降操作应为点动控制，以保证调整的准确性。

(d) 横梁升降应有极限保护。

线路的工作过程如下。

首先由摇臂的初始位置决定按动哪个按钮，若希望摇臂上升，则按动 SB3，否则应按动 SB4。当摇臂处于夹紧状态时，限位开关 SQ3 是处于被压状态的，即其动合触点闭合，动断触点断开。

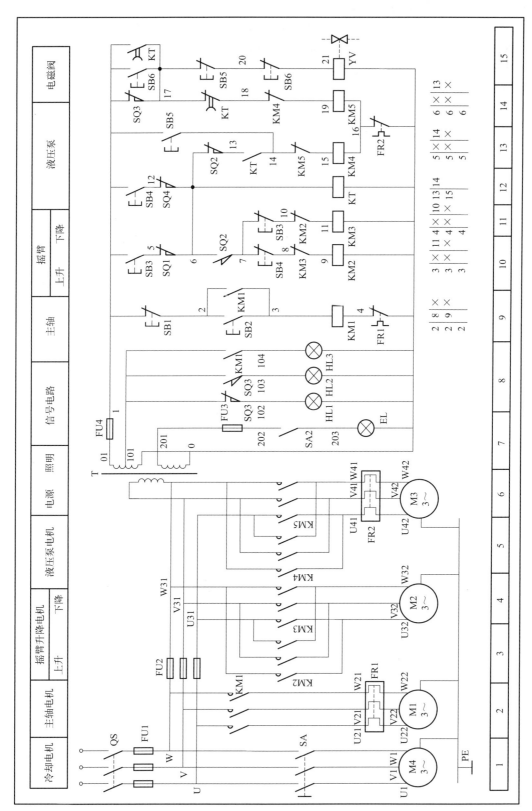

图 6.2.2　Z3040 型摇臂钻床电气控制原理图

　　摇臂上升时，按下启动按钮 SB3，断电延时型时间继电器 KT 线圈通电，尽管此时 SQ3 的动断触点断开，但由于 KT 的延时打开的动合触点瞬时闭合，电磁阀 YV 线圈通电，同时 KM4 线圈通电，其动合触点闭合，接通液压泵电动机 M3 的正向电源，M3 启动正向旋转，供给的高压油进入摇臂松开油腔，推动活塞和菱形块，使摇臂夹紧装置

安装与检修Z3040型摇臂
钻床电气控制线路

松开。当松开到一定位置时，活塞杆通过弹簧片压动限位开关 SQ2，其动断触点断开，接触器 KM4 线圈断电释放，油泵电动机停止，同时 SQ2 的动合触点闭合，接触器 KM2 线圈通电，KM2 主触点闭合，接通升降电动机 M2，带动摇臂上升。由于此时摇臂已松开，SQ3 被复位。

　　当摇臂上升到预定位置时，松开按钮 SB3，接触器 KM2、时间继电器 KT 的线圈同时断电，摇臂升降电动机停止，断电延时型时间继电器开始断电延时（一般为 1～3s），当延时结束，即升降电动机完全停止时，KT 的延时闭合动断触点闭合，接触器 KM5 线圈通电，液压泵电动机反相序接通电源而反转，压力油经另一条油路进入摇臂夹紧油腔，反方向推动活塞与菱形块，使摇臂夹紧。当夹紧到一定位置时，活塞杆通过弹簧片压动限位开关 SQ3，其动断触点动作，断开接触器 KM5 及电磁阀 YV 的电源，电磁阀 YV 复位，液压泵电动机 M3 断电停止工作。至此，摇臂升降调节全部完成。

　　摇臂下降时，按下按钮 SB4，各电器的动作次序与上升时类似，在此就不再重复了，读者可自行分析。

　　c. 联锁保护环节。

　　（a）用限位开关 SQ2 保证摇臂先松开，然后才允许升降电动机工作，以免在夹紧状态下启动摇臂升降电动机，造成升降电动机电流过大。

　　（b）用时间继电器 KT 保证升降电动机断电后完全停止旋转，即摇臂完全停止升降时，夹紧机构才能夹紧摇臂，以免在升降电动机旋转时夹紧，造成夹紧机构磨损。

　　（c）摇臂的升降都设有限位保护，当摇臂上升到上极限位置时，行程开关 SQ0 动断触点断开，接触器 KM2 断电，断开升降电动机 M2 电源，M2 电动机停止旋转，上升运动停止。反之，当摇臂下降到下极限位置时，行程开关 SQ4 动断触点断开，使接触器 KM3 断电，断开 M2 的反向电源，M2 电动机停止旋转，下降运动停止。

　　（d）液压泵电动机的过载保护。若夹紧行程开关 SQ3 调整不当，夹紧后仍不动作，则会使液压泵电动机长期过载而损坏电动机。所以，这个电动机虽然是短时运行，但也采用热继电器 FR2 作过载保护。

　　d. 指示环节。

　　（a）当主电动机工作时，KM0 通电，其辅助动合触点闭合，接通主电动机工作指示灯 HL3。

　　（b）当摇臂放松时，行程开关 SQ3 动断触点闭合，接通松开指示灯 HL1。

　　（c）当摇臂夹紧时，行程开关 SQ3 动合触点闭合，接通夹紧指示灯 HL2。

　　（d）当需要照明时，接通开关 SA2，照明灯 EL 亮。

　　e. 主轴箱与立柱的夹紧与放松。

　　线路的工作过程如下：立柱与主轴箱均采用液压操纵夹紧与放松，二者同时进行工作，工作时要求电磁阀 YV 不通电。

　　若需要使立柱和主轴箱放松（或夹紧），则按下松开按钮 SB5（或夹紧按钮 SB6），接触器 KM4（或 KM5）吸合，控制液压泵电动机正转（或反转），压力油从一条油路（或另一条油路）推动活塞与菱形块，使立柱与主轴箱分别松开（或夹紧）。

6.2.2.2 Z3040 型摇臂钻床常见电气故障的分析与检修

(1) 主轴电动机无法启动
① 电源总开关 QS 接触不良，需调整或更换。
② 控制按钮 SB1 或 SB2 接触不良，需调整或更换。
③ 接触器 KM1 线圈断线或触点接触不良，需重接或更换。
④ 熔断器 FU1 的熔体已断，应更换熔体。

(2) 摇臂不能升降
① 行程开关 SQ2 的位置移动，使摇臂松开后没有压下 SQ2。
② 电动机的电源相序接反，导致行程开关 SQ2 无法压下。
③ 液压系统出现故障，摇臂不能完全松开。
④ 控制按钮 SB3 或 SB4 接触不良，需调整或更换。
⑤ 接触器 KM2、KM3 线圈断线或触点接触不良，需重接或更换。

(3) 摇臂升降后不能夹紧
① 行程开关 SQ3 的安装位置不当，需进行调整。
② 行程开关 SQ3 发生松动而过早动作，液压泵电动机 M3 在摇臂还未充分夹紧时就停止了旋转。

(4) 液压系统的故障
电磁阀芯卡住或油路堵塞，将造成液压控制系统失灵，需检查疏通。

6.2.3 任务实施

6.2.3.1 任务要求

① 正确使用电工工具、仪器和仪表。
② 根据故障现象，在电气控制电路图上分析故障可能产生的原因，确定故障发生的范围。
③ 在训练过程中，带电进行检修时，应注意人身和设备的安全。

6.2.3.2 工具、设备及技术资料

① 工具：测电笔、螺钉旋具、尖嘴钳、剥线钳和电工刀等常用电工工具；检测专用导线。
② 仪表：500V 兆欧表和万用表。
③ 设备及技术资料：Z3040 型摇臂钻床电气控制屏柜；Z3040 型摇臂钻床电气原理图。

6.2.3.3 任务内容及步骤

① 先观摩 Z3040 型摇臂钻床控制屏柜上人为设置的一个自然故障点，指导老师示范检

修。示范检修时，按检修步骤观察故障现象，判断故障范围，查找故障点，排除故障，通电试车。指导老师边讲解边操作。

② 预先知道故障点，以及如何从观察现象着手进行分析，运用正确的检修步骤和方法进行故障排除。

③ 练习一个故障点的检修。

④ 在初步掌握了一个故障点的检修方法的基础上，再设置其他故障点，故障现象尽可能不相互重合。

⑤ 排除故障：根据故障点情况，排除故障。

⑥ 通电试车：检查机床各项操作，直到符合技术要求为止。

⑦ 填写表 6.2.1 故障排除检修报告内容。

表 6.2.1　Z3040 型摇臂钻床电气线路故障排除检修报告

项目	检修报告栏	备注
故障现象与故障部位		
故障分析		
故障检修过程		

6.2.3.4　注意事项

注意事项同 6.1.3 小节所述。

6.2.4　任务考核

技能考核任务书如下。

机床电气控制线路故障排除任务书
（1）任务名称 检修 Z3040 型摇臂钻床电气控制屏柜的电气故障。
（2）具体任务 在 Z3040 型摇臂钻床电气控制屏柜上设隐蔽故障 3 处。其中一次回路 1 处，二次回路 2 处。由考生单独排除故障。考生向考评员询问故障现象时，考评员可以将故障现象告诉考生。

续表

	（3）考核要求 ① 正确使用电工工具、仪表和仪器。 ② 根据故障现象，在 Z3040 型摇臂钻床电气控制屏柜上分析故障可能产生的原因，确定故障发生的范围。 ③ 在考核过程中，带电进行操作时，应注意人身和设备的安全。 ④ 在考核过程中，考生必须完成 Z3040 型摇臂钻床电气线路故障排除检修报告（见表 6.2.1）。 （4）考点准备器材 ① 常用电工工具及万用表。 ② Z3040 型摇臂钻床电气控制屏柜及电气原理图。 （5）时间要求 本模块操作时间为 45min，时间到立即终止任务。

针对考核任务，相应的考核评分细则参见表 6.2.2。

表 6.2.2　评分细则

序号	考核内容	考核要求	评分标准	配分	评分
1	调查研究	对每个故障现象进行调查研究	排除故障前不进行调查研究扣 5 分	5	
2	故障分析	在电气控制线路上分析故障可能的原因，思路正确	（1）错标或不标出故障范围，每个故障点扣 5 分； （2）不能标出最小故障范围，每个故障点扣 5 分	25	
3	故障排除	正确使用工具和仪表，找出故障点并排除故障	（1）实际排除故障中思路不清楚，每个故障点扣 5 分； （2）每少查出 1 处故障点扣 5 分； （3）每少排除 1 处故障点扣 6 分； （4）排除故障方法不正确，每处扣 10 分	70	
4	其他	若操作有误，此项从总分中扣分	（1）排除故障时产生新的故障后不能自行修复，每个扣 10 分；已经修复，每个扣 5 分。 （2）损坏电气元件扣 10 分 （3）考核超时，每超过 5min 扣 2 分		

6.2.5　思考与练习

（1）选择题

① Z3040 型摇臂钻床的摇臂与_____滑动配合。

A. 内立柱　　　　　　B. 外立柱　　　　　　C. 升降丝杆

② Z3040 型摇臂钻床主轴箱在摇臂上的径向移动靠_____。

A. 人工拉　　　　　　B. 电动机拖动　　　　C. 机械拖动

③ Z3040 型摇臂钻床摇臂与外立柱一起相对内立柱回转靠_____。

A. 电动机拖动　　　　B. 人工拖动　　　　　C. 机械拖动

④ Z3040 型摇臂钻床的主轴箱与立柱采用_____油缸控制。

A. 一个　　　　　　　B. 两个　　　　　　　C. 三个

（2）填空题

① 钻床是一种_____机床。可用来_____、_____、_____、_____及_____等多种形式的加工。

② Z3040 型摇臂钻床采用先进的_____，主轴电动机拖动齿轮泵输送_____，通过操纵机械实现主轴_____、_____、_____、_____与_____。由液压泵电动机实现摇臂的_____与_____，_____和_____的夹紧与放松。

③ 钻床有_____钻床、_____钻床、_____钻床及_____钻床，Z3040 是_____式钻床。

④ Z3040 型摇臂钻床为适应多种形式的加工，主运动及进给运动要有较大的_____。

⑤ 摇臂钻床具有两套液压控制系统，一个是_____液压系统，一个是_____液压系统。

（3）简答题

① 简要分析图 6.2.2 所示的 Z3040 型摇臂钻床电气控制线路原理图的看图要点。

② 在 Z3040 型摇臂钻床电气控制原理图中，摇臂上升后不能夹紧，试对此故障现象进行分析与处理。

③ 在 Z3040 型摇臂钻床电气控制原理图中，主轴电动机不能停转，试对此故障现象进行分析与处理。

④ 在 Z3040 型摇臂钻床电气控制原理图中，主轴电动机不能启动，试对此故障现象进行分析与处理。

⑤ Z3040 型摇臂钻床电气控制线路中摇臂不能下降，原因有哪几种？如何检修？

任务 6.3　安装与检修 M7120 型平面磨床电气控制线路

6.3.1　任务分析

磨床是用砂轮的周边或端面对工件的表面进行机械加工的一种精密机床，它不仅能加工普通的金属材料，而且能加工淬火钢或硬质合金等高硬度材料，使用范围十分广泛。根据用途不同可分为平面磨床、内圆磨床、外圆磨床、无心磨床等。

M7120 型平面磨床是平面磨床中使用较普遍的一种机床，其作用是用砂轮磨削加工各种零件的平面。它操作方便，磨削精度和光洁度都比较高，适于磨削精密零件和各种工具，并可进行镜面磨削。

M7120 型平面磨床型号的含义如下：

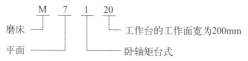

M7120 型平面磨床采用卧轴矩形工作台，主要由床身、工作台、电磁吸盘、砂轮架（又称磨头）、滑座和立柱等部分组成。其外形结构如图 6.3.1 所示。

本任务讲解 M7120 型平面磨床电气控制线路的安装与检修。通过学习了解 M7120 平面

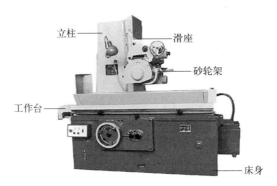

图 6.3.1　M7120 型平面磨床外形结构

磨床的基本结构、主要技术参数、主要技术指标；能够分析 M7120 平面磨床的电气主电路、控制电路及动作过程；能够根据平面磨床的故障现象快速分析出故障范围；具有排除电气故障的综合检修能力，具有自我学习、信息处理等的能力，具有自查 6S 执行力。

6.3.2　相关知识

6.3.2.1　M7120 型平面磨床的主要运动形式及控制要求

(1) M7120 型平面磨床的主要运动形式
① 主运动是砂轮的快速旋转。
② 辅助运动是工作台的左右往返运动以及砂轮架的前后和上下进给运动。
③ 工作台的往返运动采用液压传动，能保证加工精度。
④ 砂轮升降电动机使砂轮在立柱导轨上做垂直运动，用以调整砂轮与工件的相对位置。

(2) M7120 型平面磨床的控制要求
① 砂轮的旋转用一台三相异步电动机驱动，要求单向连续运行。
② 砂轮电动机、液压泵电动机和冷却泵电动机都只要求单向旋转。
③ 砂轮升降电动机要求能正反转控制。
④ 冷却泵电动机只有在砂轮电动机启动后才能启动。
⑤ 电磁吸盘应有充磁和去磁控制环节。

6.3.2.2　电气控制线路分析

M7120 平面磨床的电气控制线路如图 6.3.2 所示，整个电气控制线路按功能不同可分为主电路、电动机控制电路、电磁吸盘控制电路与信号灯电路四部分。

(1) 主电路分析
电源由总开关 QS1 引入，为机床启动做准备。整个电气线路由熔断器 FU1 作短路保护。主电路中有四台电动机，即液压泵电动机 M1、砂轮电动机 M2、冷却泵电动机 M3、砂轮升降电动机 M4。

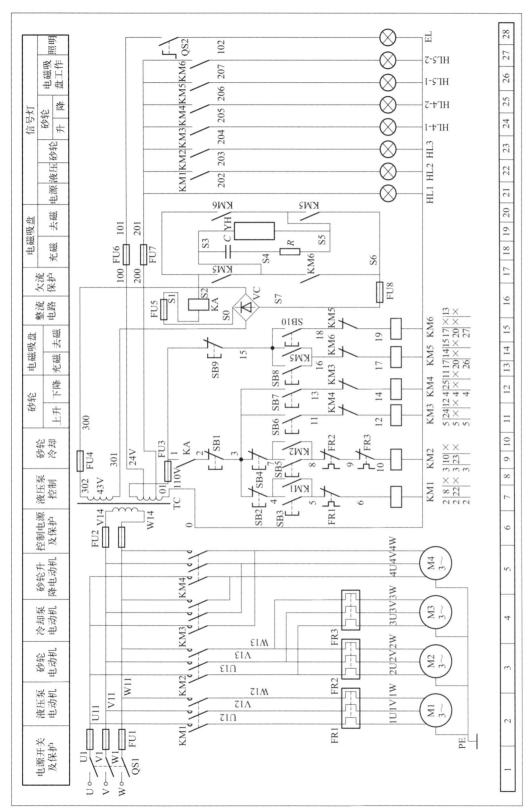

图 6.3.2　M7120 平面磨床的电气原理图

视频扫一扫

安装与检修M7120型平面
磨床电气控制线路

液压泵电动机由接触器 KM1 来控制；冷却泵电动机和砂轮电动机同时工作，同时停止，共用接触器 KM2 来控制；砂轮升降电动机分别由接触器 KM3 和 KM4 来控制上升和下降。M1、M2、M3 分别由 FR1、FR2、FR3 实现过载保护，由于 M4 是点动短时运转，故未设过载保护。

其控制和保护电器见表 6.3.1。

表 6.3.1　主电路的控制和保护电器

名称及代号	作用	控制电器	过载保护电器	短路保护电器
液压泵电动机 M1	为液压系统提供动力	接触器 KM1	热继电器 FR1	熔断器 FU1
砂轮电动机 M2	拖动砂轮高速旋转	接触器 KM2	热继电器 FR2	熔断器 FU1
冷却泵电动机 M3	供应冷却液	接触器 KM2	热继电器 FR3	熔断器 FU1
砂轮升降电动机 M4	拖动砂轮上升、下降	接触器 KM3、KM4		熔断器 FU1

(2) 电动机控制电路分析

电动机控制电路采用交流 380V 电压供电，由熔断器 FU2 作短路保护。电动机控制电路只有在触点 1-2 接通时才能起作用，而触点 1-2 接通的条件是 KM5 常开辅助触点接通（即电磁吸盘充磁，电磁吸盘吸力足够大时）。言外之意，电动机控制电路只有在电磁吸盘充磁后正常工作，且电磁吸力足够大时，才可启动电动机。

按下启动按钮 SB3，接触器 KM1 线圈通电，其常开辅助触点 4-5 闭合进行自锁，液压泵电动机 M1 启动运转。按下启动按钮 SB5，接触器 KM2 线圈通电，其常开辅助触点 7-8 闭合进行自锁，砂轮电动机 M2 及冷却泵电动机 M3 启动运行。SB2 和 SB4 分别为它们的停止按钮。按下启动按钮 SB6，接触器 KM3 因线圈通电而主触点吸合，砂轮升降电动机 M4 启动正转运转，砂轮上升；松开按钮 SB6，砂轮升降电动机 M4 停止正转运转。按下启动按钮 SB7，接触器 KM4 因线圈通电而主触点吸合，砂轮升降电动机 M4 启动反转运转，砂轮下降；松开按钮 SB7，砂轮升降电动机 M4 停止反转运转。

(3) 电磁吸盘控制电路分析

电磁吸盘（又称电磁工作台）用来吸住工件以便进行磨削，它比机械夹紧迅速，操作快速简便，不损伤工件，一次能吸住多个小工件，在磨削中工件发热可自由伸缩、不会变形等。不足之处是只能对磁导性材料如钢铁等的工件才有吸力。对非磁导性材料如铝和铜的工件没有吸力。电磁吸盘的线圈通的是直流电，不能用交流电，因为交流电会使工件振动和铁芯发热。电磁吸盘原理结构如图 6.3.3 所示，其外形如图 6.3.4 所示。

电磁吸盘的控制线路包括整流装置和控制装置。整流装置由控制变压器 TC 和桥式整流器 VC 组成，提供直流电压。控制装置由按钮 SB8、SB9、SB10 和接触器 KM5、KM6 等组成。

按下按钮 SB8，接触器 KM5 线圈得电，KM5 常开辅助触点闭合自锁，KM5 主触点闭合，KM5 常闭辅助触点断开联锁，电磁吸盘 YH 线圈得电，工作台充磁。

工件加工结束后，先按下停止按钮 SB9，接触器 KM5 线圈失电，切断充磁电路。由于吸盘和工件都有剩磁，工件不容易取下，此时必须对吸盘和工件进行去磁。故需按下按钮 SB10，这时接触器 KM6 线圈接通，KM6 主触点闭合，电磁吸盘 YH 线圈反向通入直流电，工作台去磁。

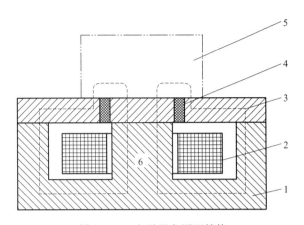

图 6.3.3 电磁吸盘原理结构

1—钢制吸盘体；2—线圈；3—钢制盖板；4—隔磁层；5—工件；6—芯体

图 6.3.4 电磁吸盘外形

(4) 信号灯电路分析

HL1 为电源指示，HL2 为液压指示，HL3 为砂轮指示，HL4-1、HL4-2 分别为砂轮上升、下降指示，HL5-1、HL5-2 分别为电磁吸盘充磁、去磁指示。

照明电路由变压器 TC 将 380V 的交流电压降为 24V 的安全电压供给照明电路，经 QS2 供电给照明灯 EL，在照明变压器副边设有熔断器 FU6 作短路保护。

6.3.2.3 常见故障分析

(1) 常见故障一

① 故障现象：砂轮电动机 M2 不能启动。

② 故障原因：

a. 电源开关 QS1 接触不良或损坏。

b. 熔断器 FU1、FU2 或 FU3 熔断。

c. 热继电器 FR2、FR3 常闭触头接触不良或过载脱扣。

d. 接触器 KM2 线圈损坏、KM2 主触头接触不良或损坏。

e. 按钮 SB1、SB4 或 SB5 接触不良或损坏。

f. 欠压继电器 KA 未吸合。

g. 电动机 M2 本身故障。

③ 故障处理方法。

a. 检修或更换电源开关。

b. 更换熔体，并检查熔断原因。

c. 将热继电器复位或更换热继电器，并检查过载脱扣原因。

d. 检修或更换接触器 KM2。

e. 检修或更换故障按钮。

f. 检查失磁保护回路、整流电源，并修复故障。

g. 检修或更换电动机 M2。

（2）常见故障二

① 故障现象：液压泵电动机 M1 不能启动。

② 故障原因：

a. 电源开关 QS1 接触不良或损坏。

b. 熔断器 FU1、FU2 或 FU3 熔断。

c. 热继电器 FR1 常闭触头接触不良或过载脱扣。

d. 接触器 KM1 线圈损坏，或主触头接触不良或损坏。

e. 按钮 SB1、SB2 或 SB3 接触不良或损坏。

f. 继电器 KA 未吸合。

g. 电动机 M1 本身故障。

③ 故障处理方法：

a. 检修或更换电源开关。

b. 更换熔体，并检查熔断原因。

c. 将热继电器复位或更换。

d. 检修或更换接触器 KM1。

e. 检修或更换有故障的按钮。

f. 检查充磁回路、整流电源，并修复故障。

g. 检修或更换电动机 M1。

6.3.3 任务实施

6.3.3.1 M7120 型平面磨床电气控制线路的安装调试

（1）任务要求

对 M7120 型平面磨床电气控制线路进行安装调试。

（2）工具、设备及技术资料

① 工具：测电笔、螺钉旋具、尖嘴钳、剥线钳和电工刀等常用电工工具；检测专用导线。

② 仪表：500V兆欧表和万用表、钳形电流表。

③ 设备及技术资料：M7120型平面磨床电气控制屏柜；M7120型平面磨床电气原理图。

④ 器材：控制板、走线槽、各种规格软线及坚固件、编码套管等。

(3) 任务内容及步骤

① 选配并检验元件和电气设备。

a. 配齐电气设备和元件，并逐个检验其规格和质量。

b. 根据电动机的容量、线路走向及要求和各元件的安装尺寸，正确选配导线的规格、导线通道类型和数量、接线端子板、控制板、紧固件等。

② 按接线图在控制板上固定电气元件和走线槽，并在电气元件附近做好与电路图上相同代号的标记。安装走线槽时，应做到横平竖直、排列整齐匀称、安装牢固和便于走线等。

③ 在控制板上进行板前线槽配线，并在导线端部套编码套管。按板前线槽配线的工艺要求进行。

④ 进行控制板外的元件固定和布线。

a. 选择合理的导线走向，做好导线通道的支持准备。

b. 控制箱外部导线的线头上要套装与电路图相同线号的编码套管；可移动的导线通道应留适当的余量。

c. 按规定在通道内放好备用导线。

⑤ 自检。

a. 根据电路图检查电路的接线是否正确和接地通道是否具有连续性。

b. 检查热继电器的整定值和熔断器中熔体的规格是否符合要求。

c. 检查电动机及线路的绝缘电阻。

d. 检查电动机的安装是否牢固，与生产机械传动装置的连接是否可靠。

e. 清理安装现场。

⑥ 通电试车。

a. 接通电源，点动控制各电动机的启动，以检查各电动机的转向是否符合要求。

b. 先空载试车，正常后方可接上负载试车。空载试车时，应认真观察各电气元件、线路、电动机及传动装置的工作是否正常。若发现异常，应立即切断电源进行检查，待调整或修复后方可再次通电试车。

(4) 注意事项

① 电动机和线路的接地要符合要求。

② 导线的中间不允许有接头。

③ 试车时，要先合上电源开关，后按启动按钮；停车时，要先按停止按钮，后断电源开关。

④ 通电试车必须在教师的监护下进行，必须严格遵守安全操作规程。

6.3.3.2　M7120型平面磨床电气控制线路的检修

① 工具：试电笔、电工刀、尖嘴钳、斜口钳、剥线钳、螺钉旋具、活扳手等。

② 仪表：万用表、兆欧表和钳形电流表。

③ 设备：M7120 平面磨床电气控制柜。

④ 部分故障检修步骤。

a. 先观摩 M7120 平面磨床控制屏柜上人为设置的一个自然故障点，指导老师示范检修。示范检修时，按检修步骤观察故障现象，判断故障范围，查找故障点，排除故障，通电试车。指导老师边讲解边操作。

b. 预先知道故障点，以及如何从观察现象着手进行分析，运用正确的检修步骤和方法进行故障排除。

c. 练习一个故障点的检修。

d. 在初步掌握了一个故障点的检修方法的基础上，再设置其他故障点，故障现象尽可能不相互重合。

e. 排除故障：根据故障点情况，排除故障。

f. 通电试车：检查机床各项操作，直到符合技术要求为止。

g. 填写表 6.3.2 故障排除检修报告内容。

⑤ 注意事项。注意事项同 6.1.3 小节所述。

表 6.3.2　M7120 型平面磨床电气线路故障排除检修报告

项目	检修报告栏	备注
故障现象与故障部位		
故障分析		
故障检修过程		

6.3.4　任务考核

M7120 型平面磨床电气控制线路的安装调试技能考核任务书如下。

M7120 型平面磨床电气控制线路的安装调试任务书
（1）任务名称 M7120 型平面磨床电气控制线路的安装调试。

续表

（2）具体任务

① 选配并检验元件和电气设备。

② 按接线图在控制板上固定电气元件和走线槽，并在电气元件附近做好与电路图上相同代号的标记。

③ 在控制板上进行板前线槽配线，并在导线端部套编码套管。按板前线槽配线的工艺要求进行。

④ 进行控制板外的元件固定和布线。

⑤ 自检。

⑥ 通电、试车。

（3）考核要求

① 元件导线等选用正确。

② 合理检查元件。

③ 元件安装合理，导线敷设规范，接线正确。

④ 试车无故障。

⑤ 按生产规程操作。

⑥ 符合 6S 管理要求。

（4）考点准备器材

① M7120 控制柜。

② 工具、器件、导线。

（5）时间要求

本模块操作时间为 180min，时间到立即终止任务。

针对考核任务，相应的考核评分细则参见表 6.3.3。

表 6.3.3　评分细则

序号	考核内容	考核要求	评分标准	配分	评分
1	器材选用	元件、导线等选用正确	（1）电气元件选错型号和规格，每个扣 2 分； （2）导线选用不符合要求，扣 4 分； （3）穿线管、编码套管等选用不当，每项扣 2 分	20	
2	装前准备	合理检查元件	电气元件漏检，每处扣 1 分	10	
3	安装布线	（1）元件安装合理； （2）导线敷设规范； （3）接线正确	（1）电气元件安装不牢固，每只扣 5 分； （2）损坏电器零件，每只扣 10 分； （3）电动机安装不符合要求，每台扣 5 分； （4）走线不符合要求，每处扣 5 分； （5）不按电路图接线，扣 20 分； （6）导线敷设不符合要求，每根扣 5 分	40	
4	通电试车	试车无故障	（1）热继电器未整定或整定不正确，每只扣 5 分； （2）熔体规格选用不当，每只扣 5 分； （3）试车不成功，扣 30 分	30	

序号	考核内容	考核要求	评分标准	配分	评分
5	安全文明生产	按生产规程操作,符合 6S 管理。若操作有误,此项从总分中扣分	违反安全文明生产规程扣 10～30 分,不符合 6S 管理,扣 10～20 分		
6	起始时间 结束时间		教师签字		

注:每项内容的扣分不得超过该项的配分。

M7120 型平面磨床电气控制线路检修技能考核任务书如下。

M7120 型平面磨床电气控制线路检修任务书

(1)任务名称

M7120 型平面磨床电气控制线路的检修。

(2)具体任务

① 液压泵电动机 M1 不能启动。

② 砂轮只能下降不能上升。

③ 砂轮电动机 M2 不能启动。

(3)考核要求

① 分析故障范围。

② 编写检修流程。

③ 排除故障。

④ 按生产规程操作,符合 6S 管理。

(4)考点准备器材

① M7120 控制柜。

② 工具、器件、导线。

(5)时间要求

本模块操作时间为 180min,时间到立即终止任务。

针对考核任务,相应的考核评分细则参见表 6.3.4。

表 6.3.4 评分细则

序号	考核内容	考核要求	评分标准	配分	评分
1	液压泵电动机 M1 不能启动	分析故障范围,编写检修流程,排除故障	(1)不能找出原因,扣 10 分; (2)编写流程一处不正确,扣 5 分; (3)不能排除故障,扣 10 分	30	
2	砂轮只能下降不能上升	分析故障范围,编写检修流程,排除故障	(1)不能找出原因,扣 10 分; (2)编写流程一处不正确,扣 5 分; (3)不能排除故障,扣 10 分	40	
3	砂轮电动机 M2 不能启动	分析故障范围,编写检修流程,排除故障	(1)不能找出原因,扣 10 分; (2)编写流程一处不正确,扣 5 分; (3)不能排除故障,扣 10 分	30	

续表

序号	考核内容	考核要求	评分标准	配分	评分
4	安全文明生产	按生产规程操作,符合 6S 管理。若操作有误,此项从总分中扣分	违反安全文明生产规程扣 10～30 分,不符合 6S 管理,扣 10～20 分		
5	起始时间 结束时间		教师签字		

注：每项内容的扣分不得超过该项的配分。任务结束前,填写、核实制作和维修记录单并存档。

6.3.5　思考与练习

① M7120 型平面磨床电磁吸盘夹持工件有什么特点？ 为什么电磁吸盘要用直流电而不用交流电？

② M7120 型平面磨床电磁吸盘去磁不好的原因有哪些？

③ M7120 型平面磨床砂轮电动机过载保护的热继电器经常发生脱扣现象,是什么原因？

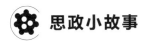 **思政小故事**

与问题较劲的维修专家

项目7

分析典型电机的工作原理与特性

 学习目标

【知识目标】

① 了解三相异步电动机的结构、基本工作原理及特性。

② 了解直流电动机的结构、基本工作原理及特性。

③ 了解伺服电机的基本工作原理、特性和控制方式。

【技能目标】

① 能够对小型电动机进行拆装与维护。

② 能够准确判定三相异步电动机绕组好坏，并能将其接成星形或三角形。

③ 能够对伺服电机进行合理选择和应用。

【素质目标】

① 培养严谨的科学精神和爱岗敬业、精益求精的工匠精神。

② 具有质量意识、创新意识、辩证意识。

 任务 7.1 三相异步电动机的基本工作原理及特性分析

7.1.1 任务分析

三相异步电动机的工作原理是基于电磁感应定律，通过定子与转子间的相互作用实现机电能量转换，其具有功率密度大、能量转换效率高、环保、工作可靠稳定以及机械特性良好等一系列优点。因此，在电力拖动系统中，三相异步电动机扮演着十分重要的角色，广泛应用于新能源、交通、工业及农业领域，是电力驱动的核心。三相异步电动机作为电气控制对象，了解其结构、基本工作原理以及机械特性有助于对控制策略的深入理解，也是读者解决实际应用问题、优化系统性能、确保设备安全稳定运行的关键。在人工智能日新月异的当前，三相异步电动机将朝着高效节能、绿色环保、智能化控制、集成化与模块化等方向发展，为各行各业的可持续发展提供更强动力。

7.1.2　相关知识

7.1.2.1　三相异步电动机的结构

三相笼型异步电动机结构主要由定子和转子部分构成。定子部分包括定子铁芯、对称绕组，在对称绕组中通入对称的正弦交流电后产生旋转磁场。转子位于定子空间内，由铁芯及导电条组成，通过电磁感应与定子磁场相互作用，实现机电能量转换。其结构如图 7.1.1 所示。

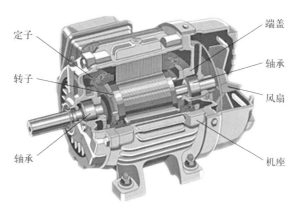

图 7.1.1　三相异步电动机结构

(1) 定子

定子由定子框架、定子铁芯以及定子绕组组成。定子框架是定子的外部支撑结构，具有坚固而刚性的特性。其作用是支撑定子铁芯和励磁绕组。定子铁芯用于承载交变磁通。为降低铁耗，定子铁芯通常采用硅钢片叠片结构，其厚度约为 $0.4\sim0.5\text{mm}$。定子绕组是三相异步电动机中十分重要的部分，它通常由三相对称分布的绕组线圈组成，绕制成对称的星形或三角形。其结构如图 7.1.2 所示。

图 7.1.2　三相异步电动机定子结构

(2) 转子

以笼型三相异步电动机为例，其转子由转子铁芯、转子绕组以及转轴等部分构成。转子铁芯是电动机磁路的一部分，由硅钢片叠压而成，固定在转轴上，其外圆周上冲有均匀线槽。转子绕组则是嵌入这些线槽中的铜条或铝条，这些导体两端用短路环焊接或铸造起来，形成类似笼型的形状，故得名笼式转子。其结构如图 7.1.3 所示。

图 7.1.3　笼型三相异步电动机转子结构

7.1.2.2　三相异步电动机原理

(1) 三相对称绕组

三相绕组是三相异步电动机的核心部分，由三组在空间位置上互差 120°电角度的绕组组成。为了分析方便，帮助读者理解，以最简单的 6 槽星形接法为例，其结构如图 7.1.4 所示。

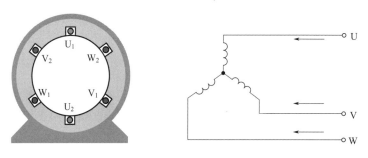

图 7.1.4　三相对称绕组结构

(2) 三相对称交流电

三相对称交流电是相位互差 120°、幅值相等、频率相同的三相正弦交流电，广泛应用于工业领域。其波形如图 7.1.5 所示。

(3) 旋转磁场

① 旋转磁场产生的条件：在空间位置对称的三相绕组中通入幅值相等、频率相同、相位互差 120°的正弦交流电。根据电磁定律，三相电流在各自的定子绕组中产生的磁场将相互叠加，形成一个在空间上旋转的磁场。这个旋转磁场是三相交流电机工作的基础，能够驱动电机转子旋转。

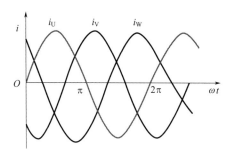

图 7.1.5　三相对称交流电波形

② 旋转磁场机理：三相对称电流在定子绕组中产生的三个脉动磁场，由于定子绕组在空间位置上互差 120°电角度，且电流相位互差 120°，使得这些磁场在空间中合成一个旋转磁场。下面分别从 $\omega t = 0°$、$\omega t = 120°$、$\omega t = 240°$、$\omega t = 360°$ 等角度来分析合成磁场。不妨设对称三相交流电时域表达式为

$$\begin{cases} i_U = I\sin(\omega t) \\ i_V = I\sin(\omega t - 120°) \\ i_W = I\sin(\omega t + 120°) \end{cases} \qquad (7.1.1)$$

当 $\omega t = 0°$ 时，$i_U = 0$，$i_V = -\dfrac{\sqrt{3}}{2}I$，$i_W = \dfrac{\sqrt{3}}{2}I$，这三个电流在对称定子绕组中产生的合成磁场如图 7.1.6 所示。

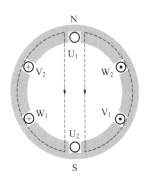

视频扫一扫

三相异步电机旋转磁场

图 7.1.6　当 $\omega t = 0°$ 时的合成磁场

当 $\omega t = 120°$ 时，$i_U = \dfrac{\sqrt{3}}{2}I$，$i_V = 0$，$i_W = -\dfrac{\sqrt{3}}{2}I$，这三个电流在对称定子绕组中产生的合成磁场如图 7.1.7 所示。

当 $\omega t = 240°$ 时，$i_U = -\dfrac{\sqrt{3}}{2}I$，$i_V = \dfrac{\sqrt{3}}{2}I$，$i_W = 0$，这三个电流在对称定子绕组中产生的合成磁场如图 7.1.8 所示。

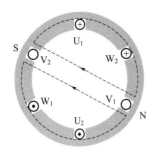

图 7.1.7   当 $\omega t = 120°$ 时的合成磁场

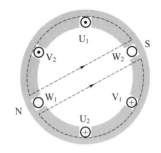

图 7.1.8   当 $\omega t = 240°$ 时的合成磁场

当 $\omega t = 360°$ 时，$i_U = 0$，$i_V = -\dfrac{\sqrt{3}}{2}I$，$i_W = \dfrac{\sqrt{3}}{2}I$，这三个电流在对称定子绕组中产生的合成磁场与 $\omega t = 0°$ 一致，如图 7.1.6 所示。

从以上分析可以看出，当三相对称交流电随时间变化时，在定子空间中产生一个运动的磁场，这个磁场就是旋转磁场，其旋转的方向由超前相转向滞后相，且旋转的方向跟电流相序相关，任意改变相序，可改变旋转磁场的方向。旋转磁场的速度 n_1 为

$$n_1 = \frac{60 f_1}{p} \qquad (7.1.2)$$

式中，f_1 为交流电频率；p 为电机极对数。限于篇幅，当 ωt 为其他值时，读者可类似计算判断分析，这里不再赘述。

(4) 三相异步电动机工作原理

由旋转磁场机理可知，当三相对称交流电流通入对称定子绕组中时，会在定子空间中产生一个旋转磁场，这个旋转磁场的速度由电源频率和电机极对数决定。对笼型三相异步电动机而言，通电后旋转磁场以 n_1 的转速匀速运动，根据相对运动，转子中的导条（或绕组）切割磁力线，并感应出电动势，从而产生电流。这些电流又会产生磁场，与定子磁场相互作用，形成转矩，驱动转子旋转。如果转子转速等于旋转磁场的转速，那么相对运动就不存在，转子中也就无感应电动势，不产生力矩，所以其转子速度是略低于旋转磁场速度的，因此称为异步电动机。为了便于分析，定义转差率 s 为

$$s = \frac{n_1 - n_2}{n_1} \qquad (7.1.3)$$

式中，n_1 为旋转磁场速度；n_2 为转子转速。转差率是三相异步电动机十分重要的一个参数。结合式(7.1.2)与式(7.1.3)，转子转速 n_2 为

$$n_2 = \frac{60 f_1}{p}(1-s) \qquad (7.1.4)$$

7.1.2.3   三相异步电动机的机械特性

在一定条件下，三相异步电动机的机械特性为转速 n 与电磁转矩 T_{em} 之间的关系，这

种关系通常以 $n = f(T_{em})$ 或 $T_{em} = f(s)$ 的形式表示，其中 s 为转差率。该曲线反映了电动机在不同负载条件下的运行性能，包括其启动能力、过载能力和稳定运行区域。一般三相异步电动机的机械特性有三种表达的方式，分别是物理表达式、参数表达式以及实用表达式，限于篇幅，这里只探讨参数表达式。

由三相异步电机的 T 型等效电路可知，经推导（略），其机械特性参数表达式可以表示为

$$T = \frac{3pU_1^2 \dfrac{R_2'}{s}}{2\pi f_1 \left[\left(R_1 + \dfrac{R_2'}{s}\right)^2 + (X_1 + X_2')^2\right]} \tag{7.1.5}$$

给定 U_1、f_1、R_1、R_2'、X_1、X_2' 等参数值，可以画出 $T_{em} = f(s)$ 曲线图，如图 7.1.9 所示。下面分析第一象限特征，图 7.1.9 中 A 点为同步转速点，也可称为理想空载运行点，根据三相异步电动机的运行原理可知，其不可能位于该点运行。B 点为三相异步电动机最大电磁转矩点，其最大电磁转矩为 T_{max}，对应的转差率 S_m 为临界转差率。

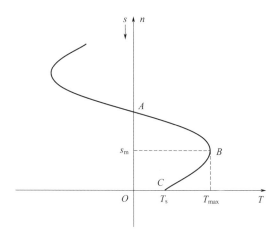

图 7.1.9　三相异步电动机机械特性曲线

$$\begin{cases} s_m = \dfrac{R_2'}{\sqrt{R_1^2 + (X_1 + X_2')^2}} \\[4mm] T_{max} = \dfrac{3pU_1^2}{4\pi f_1 \left[R_1 + \sqrt{R_1^2 + (X_1 + X_2')^2}\right]} \end{cases} \tag{7.1.6}$$

一般 $R_1 \ll X_1 + X_2'$，忽略 R_1，则式（7.1.6）可变形为

$$\begin{cases} s_m = \dfrac{R_2'}{X_1 + X_2'} \\[4mm] T_{max} = \dfrac{3pU_1^2}{4\pi f_1 (X_1 + X_2')} \end{cases} \tag{7.1.7}$$

由式（7.1.6）、式（7.1.7）可知，最大电磁转矩 T_{max} 与电压 U_1^2 成正比，而获得最大电磁转矩的临界转差率 s_m 与该电压无关。最大电磁转矩 T_{max} 与转子电阻 R_2' 无关，而 s_m 与

R'_2 成正比。

　　C 点为启动点，启动时 $s=1$，将其代入参数表达式中，可得启动转矩 T_{st} 为

$$T_{st} = \frac{3pU_1^2 R'_2}{2\pi f_1 [(R_1 + R'_2)^2 + (X_1 + X'_2)^2]} \tag{7.1.8}$$

　　从式（7.1.8）可知，启动转矩 T_{st} 与 U_1^2 成正比。一般地，增加转子回路电阻，可增加启动转矩。

7.1.3　任务实施

7.1.3.1　任务要求

　　能正确拆装小型三相异步电动机，并指出三相异步电动机的基本结构，能说明旋转磁场产生过程以及参数表达式下的机械特性。

7.1.3.2　仪器、设备、元器件及材料

　　小型三相异步电动机。

7.1.3.3　任务内容及步骤

　　拆装三相异步电动机的前端盖、风罩、风扇、后轴承外盖、后端盖、转子等，顺序为带轮或联轴器→前轴承外盖→前端盖→风罩→风扇→后轴承外盖→后端盖→转子（抽出）→前轴承→前轴承内盖→后轴承→后轴承内盖。

7.1.3.4　注意事项

　　注意装配部件的清洁，轻放拆卸部件。

7.1.4　任务考核

　　针对考核任务，相应的考核评分细则参见表 7.1.1。

表 7.1.1　评分细则

序号	考核内容	考核项目	配分	评分标准	得分
1	三相异步电动机结构	了解三相异步电动机基本结构	40 分	（1）能正确拆装小型三相异步电动机（20 分）； （2）能指出三相异步电动机的基本结构（20 分）	
2	旋转磁场产生过程以及参数表达式下的机械特性	掌握旋转磁场产生过程及参数表达式下的机械特性	60 分	（1）能说明旋转磁场产生的条件（15 分）； （2）能说明旋转磁场产生机理（20 分）； （3）能应用机械特性分析实践问题（25 分）	
	合计		100 分		

注：每项内容的扣分不得超过该项的配分。任务结束前，填写、核实制作和维修记录单并存档。

7.1.5　思考与练习

① 三相异步电动机产生旋转磁场的条件是什么？

② 三相异步电动机在额定功率下运行时，其转子中感应电动势的频率与输入交流电的频率有何关系？

③ 要提高三相异步电动机的启动转矩，有哪些方法？

任务 7.2　直流电机的工作原理及特性分析

7.2.1　任务分析

直流电机是一种能将直流电能转换为机械能（直流电动机）或将机械能转换为直流电能（直流发电机）的电磁装置。根据直流电机结构和工作原理的不同，直流电机的励磁方式分为他励式、并励式、串励式和复励式四种。直流电机具有启动和调速性能好、过载能力强、受电磁干扰影响小等优点，广泛应用于制造业、交通运输、动力系统等多个领域。

7.2.2　相关知识

7.2.2.1　直流电机的结构

直流电机主要由定子和转子两大部分组成。定子固定不动。转子通过电磁作用产生转矩，实现机电能量转换。其他还包括端盖、转轴、接线盒等部件，其结构如图 7.2.1 所示。

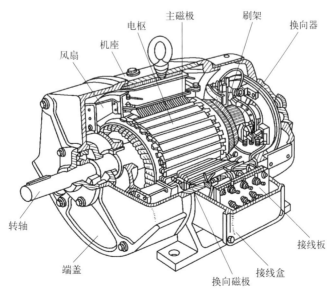

图 7.2.1　直流电机结构

(1) 定子

直流电机定子主要由机座、主磁极、换向磁极和电刷装置等部分组成。机座作为定子的外壳，不仅起到支撑和固定的作用，而且还是磁路的一部分。主磁极负责产生恒定的、有一定空间分布形状的气隙磁场，由铁芯和励磁绕组构成。换向磁极用于改善换向性能，减小电刷与换向器间的火花。电刷装置则用于引入或引出直流电压和电流。这些部件共同协作，确保直流电机能够稳定、高效地运行。

(2) 转子

直流电机的转子，作为电机的旋转部分，主要由电枢铁芯、电枢绕组、换向器以及转轴等部件构成。电枢铁芯是主磁路的一部分，支撑着电枢绕组。电枢绕组可产生电磁转矩和感应电动势，是实现机电能量转换的核心。对直流电动机而言，换向器与电刷配合，将直流电转换为绕组中的交流电。对直流发电机而言，换向器则与电刷配合，将绕组中的交流电转换为电刷两端的直流电。

7.2.2.2　直流发电机的工作原理

图 7.2.2 为直流发电机模型。图中 N、S 为固定不动的磁极；$abcd$ 是固定在转子上的简易线圈，线圈的首端 a、末端 d 连接到两个相互绝缘且随线圈一同转动的导电片上；A、B 为电刷，电刷是固定不动的。转子和定子之间存在一定的空气隙，简称气隙。当原动机拖动转子以一定的转速 n 逆时针旋转时，由电磁感应定律可知，将在线圈 $abcd$ 中产生感应电动势，其中导体 ab 产生的感应电动势由 b 指向 a，导体 cd 产生的感应电动势由 d 指向 c，电流 I_a 的方向如图 7.2.2 所示。当线圈 $abcd$ 转过 $180°$ 时，ab 导体在 S 极的正上方，cd 导体在 N 极的正下方，此时导体中感应电动势和电流的方向与 ab 导体在 N 正下方相反。由于换向器的作用，流过负载的电流方向始终保持不变，可见直流发电机换向器的作用是将线圈中的交流量转换为外部电路的直流量。

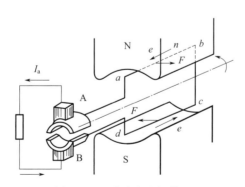

图 7.2.2　直流发电机模型

7.2.2.3　直流电机的固有机械特性

直流电机的机械特性对有效控制直流电机至关重要。以他励直流电动机为例，其机械特性是指在直流电动机电枢电压、励磁电流、电枢回路电阻为恒定值的条件下，即电动机处于稳态运行时，电动机的转速 n 与电磁转矩 T_{em} 之间的关系为 $n = f(T_{em})$。为便于分析，以

他励直流电动机为例，其电压平衡方式为

$$U = E_a + RI_a \tag{7.2.1}$$

式中，U 为电源电压；$R = R_a + R_c$（R_c 为直流电动机电枢回路外串电阻），R 为直流电动机电枢回路总电阻，R_a 为直流电动机电枢回路固有电阻；$E_a = C_E \Phi n$ 为电枢电动势。$T_{em} = C_T \Phi I_a$ 为电磁转矩。

将电枢电动势表达式和电磁转矩表达式分别代入式(7.2.1)，整理可得其机械特性表达式为

$$n = \frac{U}{C_E \Phi} - \frac{R}{C_E C_T \Phi^2} T_{em} = n_0 + k T_{em} \tag{7.2.2}$$

式中，$n_0 = \dfrac{U}{C_E \Phi}$ 为理想空载转速；$k = -\dfrac{R}{C_E C_T \Phi^2}$ 为机械特性的斜率。当 $R = R_a + R_c$ 中的 $R_c = 0$ 时，机械特性为直流电动机的固有机械特性，从式(7.2.2) 可以看出，在电枢电压、励磁电流、电枢回路电阻为恒定值的条件下，转速 n 与电磁转矩 T_{em} 满足一次函数的关系，其固有机械特性如图 7.2.3 所示。

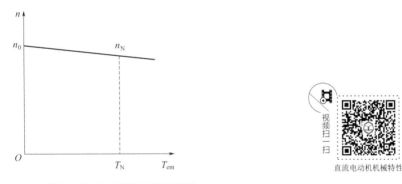

视频扫一扫

直流电动机机械特性

图 7.2.3   他励直流电动机固有机械特性

7.2.2.4   直流电机的人为机械特性

直流电机的人为机械特性是通过调整固有机械特性中的电枢电压或电枢回路电阻或励磁磁通等参数，获得的电动机转速 n 与电磁转矩 T_{em} 间的关系特性。这些调整可改变机械特性曲线的形状和位置，以满足不同负载和运行条件的需求。

(1) 改变电枢电压的人为机械特性

改变电枢电压的人为机械特性是指当气隙磁通 $\Phi = \Phi_N$，电枢外串电阻 $R_c = 0$ 时，$n = f(T_{em})$ 之间的关系，其表达式为

$$n = \frac{U}{C_E \Phi_N} - \frac{R_a}{C_E C_T \Phi_N^2} T_{em} \tag{7.2.3}$$

从式(7.2.3) 不难看出，其仍然是一次函数关系式，且直线斜率保持不变，当 U（$U < U_N$）变化时，电机机械特性是一系列平行直线，机械特性的软硬程度没有发生变化，理想空载转速随电压的下降而减少，如图 7.2.4 所示。

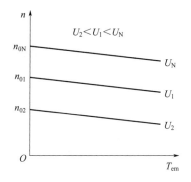

图 7.2.4 改变电压时的人为机械特性

(2) 改变电枢回路电阻的人为机械特性

改变电枢回路电阻的人为机械特性是指当电压 $U = U_N$，气隙磁通 $\Phi = \Phi_N$ 时，$n = f(T_{em})$ 之间的关系，其表达式为

$$n = \frac{U_N}{C_E \Phi_N} - \frac{R_a + R_c}{C_E C_T \Phi_N^2} T_{em} \tag{7.2.4}$$

从式（7.2.4）不难看出，其仍然是一次函数关系式，直线斜率随 R_c 的变化而变化，电机机械特性是一系列不平行直线，且过定点（理想空载转速点），机械特性的软硬程度发生变化，随着电阻 R_c 的增加，机械特性变软，如图 7.2.5 所示。

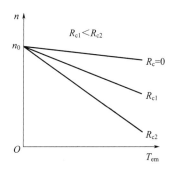

图 7.2.5 改变电枢回路电阻时的人为机械特性

(3) 减弱磁通时的人为机械特性

减弱磁通时的人为机械特性是指当电压 $U = U_N$，电枢外串电阻 $R_c = 0$ 时，$n = f(T_{em})$ 之间的关系，其表达式为

$$n = \frac{U_N}{C_E \Phi} - \frac{R_a}{C_E C_T \Phi^2} T_{em} \tag{7.2.5}$$

从式（7.2.5）不难看出，其仍然是一次函数关系式。当 Φ 变化时（考虑到电机设计时 Φ 接近饱和，一般 Φ 往 $\Phi < \Phi_N$ 方向变化），直线斜率变化且理想空载转速点也变化。电机机械特性是一系列既不过定点也不平行的直线，机械特性的软硬程度发生变化，如图 7.2.6 所示。

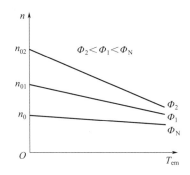

图 7.2.6 减弱磁通时的人为机械特性

7.2.3 任务实施

7.2.3.1 任务要求

能正确拆装小型直流电机，并指出直流电机的基本结构，能说明其基本工作原理及机械特性。

7.2.3.2 仪器、设备、元器件及材料

小型直流电动机。

7.2.3.3 任务内容及步骤

任务内容为拆卸端盖、刷架、换向器、电枢等。步骤为：拆除后端盖的端盖螺钉和轴承盖，取下轴承外盖；打开端盖的通风窗，取出电刷，并拆下刷杆上的连接线；拆卸换向器端的端盖，取出刷架；用厚纸或布将换向器包好，使其保持清洁并防止在拆卸过程中受到损伤；拆除前端盖螺钉，然后小心地将连同端盖的电枢从定子内抽出。

7.2.3.4 注意事项

注意装配部件的清洁，轻放拆卸部件，防止碰伤换向器和电枢绕组。

7.2.4 任务考核

针对考核任务，相应的考核评分细则参见表 7.2.1。

表 7.2.1 评分细则

序号	考核内容	考核项目	配分	评分标准	得分
1	直流电动机结构	了解直流电动机的基本结构	40 分	（1）能正确拆装小型直流电动机（20 分）；（2）能指出直流电动机的基本结构（20 分）	

序号	考核内容	考核项目	配分	评分标准	得分
2	直流电动机基本工作原理及机械特性	掌握直流电动机基本工作原理及机械特性	60分	(1)能说明直流电动机基本工作原理(30分); (2)能应用机械特性分析实际问题(30分)	
	合计		100分		

注：每项内容的扣分不得超过该项的配分。任务结束前，填写、核实制作和维修记录单并存档。

7.2.5　思考与练习

① 直流电动机是如何将直流电转化为电枢绕组中的交流电的？
② 直流电机的机械特性有哪些优点？

任务7.3　伺服电机的基本工作原理及特性分析

7.3.1　任务分析

伺服电机又称为控制电机或执行电机，是自动化系统中的核心驱动元件，也是现代工业自动化的重要组成部分。其能将输入电压信号转换为精确的角位移或角速度，实现高精度控制。它分为直流伺服电机和交流伺服电机两种。伺服电机广泛应用于机器人、数控机床、自动化设备等领域，通过精确控制位置、速度和加速度，提升设备性能和效率。

7.3.2　相关知识

7.3.2.1　直流伺服电机

(1) 基本结构

直流伺服电机是一种高精度、快响应的电机，它通过电磁感应原理工作，能够接收电信号并将其转化为精确的角速度输出。它分为有刷和无刷两种类型，无刷直流伺服电机以其高效率、低噪音、长寿命等特点，在自动化控制、机械加工等领域得到广泛应用。一般地，直流伺服电机的结构与普通小型直流电动机相同，在结构上有永磁式和电磁式两种。其中永磁式直流伺服电机在定子上安装永磁铁，磁场由永磁铁产生，不需要励磁线圈。电磁式直流伺服电机的定子通常用硅钢片叠压而成，铁芯上有励磁绕组，按励磁方式可分为串励、并励、他励和复励四种。

(2) 控制方式

直流伺服电机的控制方式有两种：磁场控制和电枢控制。所谓磁场控制是电枢绕组两端加恒定电压，在励磁绕组上加控制电压，通过调节磁通大小（改变励磁电流的大小）来改变定子磁场强度，从而控制其转速和转矩，这种控制方式用得较少，一般用于功率较小的电机。所谓电枢控制，即励磁绕组加恒定励磁电压，电枢绕组加控制电压，通过控制电枢绕组的电压来控制其转速。电枢控制的优点是当没有控制信号时，电枢电流等于零，电枢中没有损耗，只有较少的励磁损耗。

（3）控制特性

下面主要讨论电枢控制方式下的直流伺服电机的机械特性和调节特性。

① 机械特性。直流伺服电机的机械特性与普通直流电机类似，指当电枢电压 U_k 与磁通 Φ 一定时，转速 n 与电磁转矩 T_{em} 之间的关系，即 $n = f(T_{em})$。

$$n = \frac{U_k}{C_E \Phi} - \frac{R}{C_E C_T \Phi^2} T_{em} = n_0 + k T_{em} \tag{7.3.1}$$

式中，n_0 为理想空载转速 $\left(n_0 = \dfrac{U_k}{C_E \Phi} \right)$；$k$ 为斜率 $\left(k = -\dfrac{R}{C_E C_T \Phi^2} \right)$。

从式（7.3.1）可知，当控制电压 U_k 一定时，转速 n 随转矩的增大而下降，其机械特性具有良好的线性度。当控制电压 U_k 变化时，斜率 k 不变，机械特性为一组平行线，如图 7.3.1 所示。

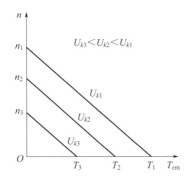

视频扫一扫

伺服电机特性

图 7.3.1　直流伺服电机机械特性

② 调节特性。调节特性指在一定的负载下（电磁转矩恒定时），其稳态转速随控制电压变化的关系，即 $n = f(U_k)$。由机械特性表达式可知，对于不同的负载，调节特性也是一系列平行直线，如图 7.3.2 所示。

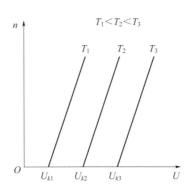

图 7.3.2　直流伺服电机调节特性

7.3.2.2　交流伺服电机

交流伺服电机一般是两相异步电机，其主要结构由定子和转子组成。交流伺服电机定子为两个相同的两相绕组，在空间位置上差 90°电角度。一个是励磁绕组，另一个是控制绕组。当励磁绕组和控制绕组通入相位互差 90°的交流电时，在空间中形成旋转磁场，从而驱动转子旋转。当控制电压和励磁电压幅值相等时，控制其相位差也能产生旋转磁场。因此，交流伺服电机的控制方式有三种，分别是幅值控制、相位控制以及幅值-相位控制。限于篇幅，其具体控制原理这里不再介绍。

7.3.3　任务实施

7.3.3.1　任务要求

能正确指出伺服电机的基本结构，能说明其基本工作原理及调节特性。

7.3.3.2　仪器、设备、元器件及材料

伺服电动机。

7.3.3.3　任务内容及步骤

任务内容为拆卸外壳、连接线、轴承、定子与转子等。步骤为：使用螺丝刀等工具，轻轻拧松伺服电机外壳上的螺钉，并将外壳取下；检查伺服电机上的连接线，包括电源线、信号线等，并做好标记，以便后续安装时能正确连接；使用扳手或钳子轻轻拔下连接器；拆卸轴承、定子与转子。

7.3.3.4　注意事项

注意装配部件的清洁，轻放拆卸部件，使用专用工具按照说明书上的步骤拆卸轴承。固定定子后，轻轻拔出转子，注意保持平衡。

7.3.4　任务考核

针对考核任务，相应的考核评分细则参见表 7.3.1。

表 7.3.1　评分细则

序号	考核内容	考核项目	配分	评分标准	得分
1	伺服电机结构	了解伺服电机的基本结构	40分	能正确指出伺服电机的基本结构（40分）	

续表

序号	考核内容	考核项目	配分	评分标准	得分
2	伺服电机基本工作原理及调节特性	掌握伺服电机基本工作原理及调节特性	60 分	（1）能说明伺服电机基本工作原理（30 分）； （2）能应用特性分析实践问题（30 分）	
合计			100 分		

注：每项内容的扣分不得超过该项的配分。任务结束前，填写、核实制作和维修记录单并存档。

7.3.5　思考与练习

① 伺服电机有哪些应用？

② 根据直流伺服电机机械特性，简述其调节过程。

参考文献

[1] 华满香，杨梦勤，李庆梅．电气控制技术及应用［M］．北京：人民邮电出版社，2023．

[2] 赵红顺．电气控制技术实训［M］．北京：机械工业出版社，2024．

[3] 徐荣丽，张卫华．电机与拖动技术［M］．北京：北京航空航天大学出版社，2019．

[4] 华满香，刘小春，唐亚平．电气自动化技术［M］．长沙：湖南大学出版社，2012．

[5] 陈亚爱，周京华．电机与拖动基础及 MATLAB 仿真［M］．北京：机械工业出版社，2011．

[6] 殷培峰．电气设备安装工培训教程［M］．北京：化学工业出版社，2011．

[7] 李向东，张广明．电梯安装维修技巧与禁忌［M］．北京：机械工业出版社，2007．

[8] 杨永奇．电梯系统运行与维护技术［M］．北京：中国铁道出版社，2013．

[9] 鲍锌焱．电梯安装维修工培训教程［M］．北京：机械工业出版社，2006．

[10] GB/T 7588.1—2020．电梯制造与安装安全规范 第 1 部分：乘客电梯和载货电梯［S］．北京：中国标准出版社，2020．

[11] GB/T 7588.2—2020．电梯制造与安装安全规范 第 2 部分：电梯部件的设计原则、计算和检验［S］．北京：中国标准出版社，2020．

[12] GB 16899—2011．自动扶梯与自动人行道的制造与安装安全规范［S］．北京：中国标准出版社，2011．

[13] 白玉岷．电梯安装调试及运行维护［M］．北京：机械工业出版社，2010．

[14] 何利民，尹全英．怎样查找电气故障［M］．北京：机械工业出版社，2002．

[15] 商福恭．电工基本操作技巧［M］．北京：中国电力出版社，2004．

[16] 易磊，黄鹏．PLC 与单片机应用技术［M］．上海：复旦大学出版社，2012．

[17] 张接信．组合机床及其自动化［M］．北京：人民交通出版社，2009．

[18] 王广仁．机床电气维修技术［M］．北京：中国电力出版社，2009．

[19] 周辉林．维修电工技能实训教程［M］．北京：冶金工业出版社，2009．

[20] 吴文琳．电工实用电路 300 例［M］．2 版．北京：中国电力出版社，2013．

[21] 杨清德．零起步巧学低压电控系统［M］．2 版．北京：中国电力出版社，2012．

[22] 刘丽，赵敏，杨昕红，等．电气控制技术［M］．北京：电子工业出版社，2013．

[23] 李长军，关开芹．电动机控制电路一学就会［M］．北京：电子工业出版社，2012．

[24] 范国伟．电机原理与电力拖动［M］．北京：人民邮电出版社，2012．

[25] 《电工手册》编写组．电工手册［M］．上海：上海科学技术出版社，1985．

[26] 刘康，等．维修电工：高级［M］．北京：中国劳动社会保障出版社，2013．

[27] 孙正根．维修电工从业上岗一本通［M］．北京：机械工业出版社，2012．

[28] 孙克军．图解电动机使用入门与技巧［M］．北京：机械工业出版社，2013．

[29] 黄海平．精选电动机控制电路 200 例［M］．北京：机械工业出版社，2013．

[30] 王建明．电机及机床电气控制［M］．北京：北京理工大学出版社，2012．

[31] 李良洪，陈影．电气控制线路识读与故障检修［M］．北京：电子工业出版社，2013．

[32] 杨清德．图解电工技能入门［M］．北京：机械工业出版社，2012．

［33］ 王玉梅. 数控机床电气控制［M］. 北京：中国电力出版社，2011.

［34］ 黄立君. 常见机床电气控制线路的安装与调试［M］. 北京：机械工业出版社，2013.

［35］ 孙余凯. 快速培训电气维修技能［M］. 北京：电子工业出版社，2012.

［36］ 陈永斌. 常用电气设备故障查找方法及排除典型实例［M］. 北京：中国电力出版社，2012.

［37］ 蒋文详. 低压电工控制电路一本通［M］. 北京：化学工业出版社，2013.

［38］ 吴奕林，宋庆烁. 工厂电气控制技术［M］. 北京：北京理工大学出版社，2012.

［39］ 贾智勇. 电工操作技能［M］. 北京：中国电力出版社，2012.

［40］ 贺哲荣，肖峰. 机床电气控制线路故障维修［M］. 西安：西安电子科技大学出版社，2012.

［41］ 崔晶. 电机与电气控制技术［M］. 北京：中国铁道出版社，2010.

［42］ 于建华. 电工电子技术与技能（非电类少学时）［M］. 北京：人民邮电出版社，2010.

［43］ 林嵩，王刚. 电气控制线路安装与维修［M］. 北京：中国铁道出版社，2012.

［44］ 叶永春. 电工技术应用［M］. 北京：人民邮电出版社，2009.

［45］ 田玉丽，王广，刘东晓. 电工技术［M］. 北京：中国电力出版社，2009.

［46］ 王建，庄建源，施立春. 维修电工（技师、高级技师）国家职业资格证书取证问答［M］. 北京：机械工业出版社，2006.

［47］ 杨兴. 数控机床电气控制［M］. 北京：化学工业出版社，2010.

［48］ 李树元，孟玉茹. 电气设备控制与检修［M］. 北京：中国电力出版社，2009.

［49］ 孙增全，丁海明，童书霞. 维修电工培训读本［M］. 北京：化学工业出版社，2010.

［50］ 吴关兴，金国砥，鲁晓阳. 维修电工中级实训［M］. 北京：人民邮电出版社，2009.